高等职业教育"十三五"规划教材（自动化专业课程群）

机械设备装调与控制技术

主　编　胡月霞　杨　晶　周彦云

副主编　周建刚　贾大伟

主　审　王瑞清

中国水利水电出版社

www.waterpub.com.cn

·北京·

内 容 提 要

本书按照机械装调技术的工作过程，结合浙江天煌科技实业有限公司 THMDZT-1A 型实训装置和职业资格的有关要求，以及职业院校对"机械装调与控制技术"课程的要求进行编写。本书共划分了 8 个学习情境，包括钳工基本操作技能、常用工量具的使用、机械传动装置的装调、常用机构的装调、减速器及其零部件的装调、二维工作台的装调、THMDZT-1A 型机械装置的装调、电气装置调整与控制，以及附录典型部件的装配图并配套实践手册。本书在内容编排上，采用基于工作过程的项目驱动，设置不同的任务，以天煌教仪 THMDZT-1A 型实训装置为基础，兼顾理论，突出实践，各任务由浅入深，层层分析，满足各种不同层次的需求。

本书适合作为职业技术院校"机械装调与控制技术"课程的教学用书，可作为机械装调技术的培训教材和机修钳工竞赛的参考书，也可作为从事机械装调、设备管理工作人员的参考书。

图书在版编目（CIP）数据

机械设备装调与控制技术 / 胡月霞，杨晶，周彦云
主编. -- 北京：中国水利水电出版社，2017.10（2024.12 重印）
高等职业教育"十三五"规划教材. 自动化专业课程
群
ISBN 978-7-5170-5892-2

Ⅰ. ①机… Ⅱ. ①胡… ②杨… ③周… Ⅲ. ①机械设
备—设备安装—高等职业教育—教材②机械设备—调试方
法—高等职业教育—教材③机械设备—控制系统—高等职
业教育—教材 Ⅳ. ①TH182②TP273

中国版本图书馆CIP数据核字(2017)第233943号

策划编辑：石永峰　　责任编辑：张玉玲　　加工编辑：高双春　　封面设计：李　佳

书　名	高等职业教育"十三五"规划教材（自动化专业课程群） 机械设备装调与控制技术 JIXIE SHEBEI ZHUANGTIAO YU KONGZHI JISHU
作　者	主　编　胡月霞　杨　晶　周彦云 副主编　周建刚　贾大伟 主　审　王瑞清
出版发行	中国水利水电出版社 （北京市海淀区玉渊潭南路 1 号 D 座　100038） 网址：www.waterpub.com.cn E-mail：mchannel@263.net（答疑） 　　　　sales@mwr.gov.cn 电话：（010）68545888（营销中心）、82562819（组稿）
经　售	北京科水图书销售有限公司 电话：（010）68545874、63202643 全国各地新华书店和相关出版物销售网点
排　版	北京万水电子信息有限公司
印　刷	三河市德贤弘印务有限公司
规　格	210mm×285mm　16 开本　10.5 印张　350 千字
版　次	2017 年 10 月第 1 版　2024 年 12 月第 3 次印刷
印　数	5001—6000 册
定　价	22.00 元

前　　言

随着教育教学改革的不断深入，本着提高教学质量的原则，同时针对课程改革的需要，依托实训设备，组织骨干教师和企业专家共同编写本书。全书采用"边学习，边实践"的思路，以工作过程为导向，以职业岗位能力为目标，按照项目化模式编写而成。在每个学习情境下设置多个学习任务，每个任务按照学习目标－情境导入－任务描述－知识链接的顺序进行编写，突出职业教育特点。

本教材强调以实际应用能力为主线创设情境，以岗位技能为出发点，依托实操载体，突出教材编写风格，教材结合专业实训装置的优势，将教学思想和教改模式融于教材中，突出了职业教育的特点，凸显了实践能力的培养。

本教材内容根据机械装调的典型工作任务，参照机修钳工国家职业资格标准，共划分了 8 个学习情境，内容包括钳工基本操作技能、常用工量具的使用、机械传动装置的装调、常用机构的装调、减速器及其零部件的装调、二维工作台的装调、THMDZT-1A 型机械装置的装调、电气装置调整与控制。课程以典型机械装置为载体，合理划分和安排各个任务和项目，以培养熟练进行机械安装与调试、服务于生产和管理一线的技术应用型人才。

本书由胡月霞、杨晶、周彦云任主编，周建刚、贾大伟任副主编，王瑞清主审。具体编写分工如下：学习情境 6 和学习情境 7 由胡月霞编写，学习情境 1 和学习情境 4 由杨晶编写，学习情境 2 和学习情境 3 由周彦云编写，学习情境 5 由贾大伟编写，学习情境 8 由周建刚编写。王海静、王婕、曹媛、杨新莲、郭浩、蔡静、李学飞参与了部分文字修订工作。在编写过程中编者得到了学院各级领导及同仁的大力支持，同时感谢包头铝业有限责任公司的帮助与大力支持，在此表示衷心感谢。

由于时间仓促及编者水平有限，书中难免存在不妥之处，敬请读者批评指正。

编　者
2017 年 8 月

目　　录

学习情境 1 钳工基本操作技能

学习目标

- 掌握钳工操作的基本知识。
- 掌握钳工操作中设备和量具的使用方法。
- 培养学生获取、筛选信息和制定工作计划、方案及实施、检查和评价的能力。
- 培养学生独立分析、解决问题的能力。

子学习情境 1.1 划线

情境导入

划线工作任务单

情　　境	钳工基本操作技能				
学习任务	子学习情境 1.1：划线			完成时间	
任务完成	学习小组		组长	成员	
任务要求	掌握：1. 划线的基本知识；2. 划线的基本技能				
任务载体和资讯	图 1.1 燕尾块和图 1.2 凹板为钳工技能训练的常用工件，其制作过程包含了钳工基本操作技能 图 1.1　燕尾块 图 1.2　凹板				要求：按照图 1.1 燕尾块和图 1.2 凹板形状要求在图 1.3 燕尾块和图 1.4 凹板的毛坯件上完成工件的划线 资讯： 1. 划线的概念和种类； 2. 划线的工具使用方法； 3. 划线的方法

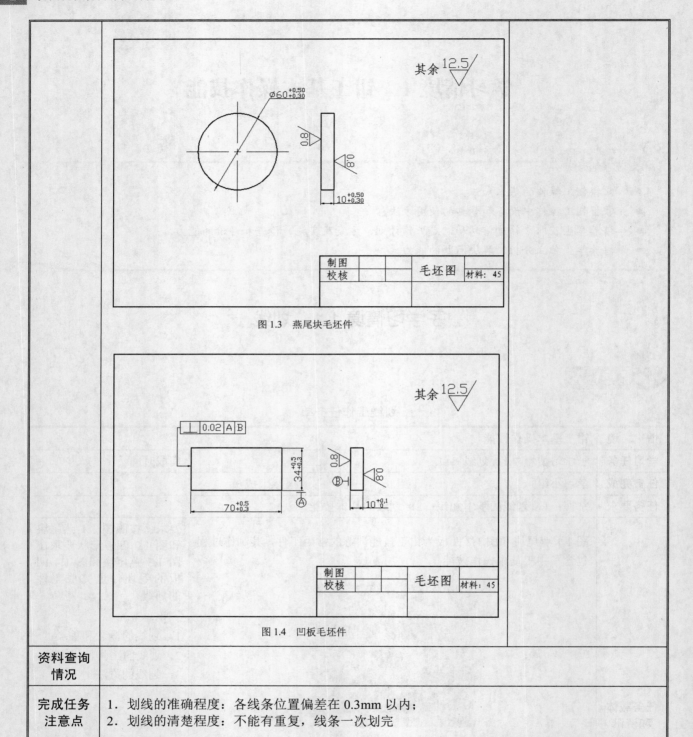

图 1.3 燕尾块毛坯件

图 1.4 凹板毛坯件

资料查询情况	
完成任务注意点	1. 划线的准确程度：各线条位置偏差在 0.3mm 以内； 2. 划线的清楚程度：不能有重复，线条一次划完

任务描述

学习目标	学习内容	任务准备
1. 掌握划线的基本知识 2. 掌握划线操作技能	1. 钳工常用设备和量具 2. 划线的基本知识	前期准备：划线平台、划针、划规、高度游标划线尺、钢直尺、90°角尺、万能角度尺、样冲、靠（V 形）铁 知识准备：划线的概念和种类、划线的工具使用方法、划线的方法

 知识链接

1.1.1　钳工常用设备

名称	说明	图示
钳桌	如图 1.5 所示,安装台虎钳,摆放工量具,台上必须装防护网,其高度为 800~900mm	 图 1.5　钳桌
台虎钳	如图 1.6 所示,夹持工件,其规格以钳口的长度来表示,常用有 100mm、125mm、150mm 三种	 图 1.6　台虎钳
台钻	如图 1.7 所示,用于钻直径小于 12mm 的孔,手动进给	 图 1.7　台钻
砂轮机	如图 1.8 所示,用于刃磨刀具、钻头	 图 1.8　砂轮机
锯弓	如图 1.9 所示,用于装夹锯条,锯割材料	 图 1.9　锯弓

锉刀	如图 1.10 所示，用于锉削平面、圆弧面	 图 1.10　锉刀
钻头	如图 1.11 所示，用于钻孔	 图 1.11　钻头
铰刀	如图 1.12 所示，用于孔的精加工	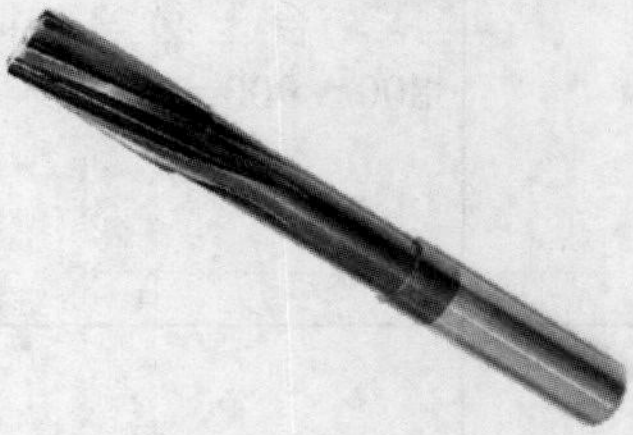 图 1.12　铰刀
丝锥	如图 1.13 所示，用于加工孔螺纹	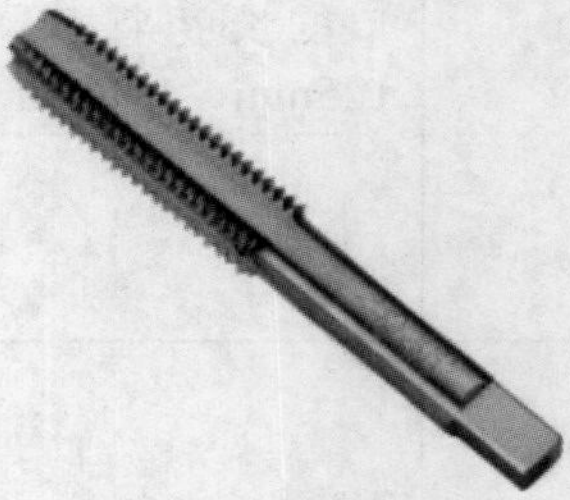 图 1.13　丝锥

1.1.2　钳工常用量具

名称	说明	图示
游标卡尺	如图 1.14 所示，游标卡尺是一种钳工常用的高精度量具，可以直接测量工件的外径、孔径、长度、高度、深度和孔距	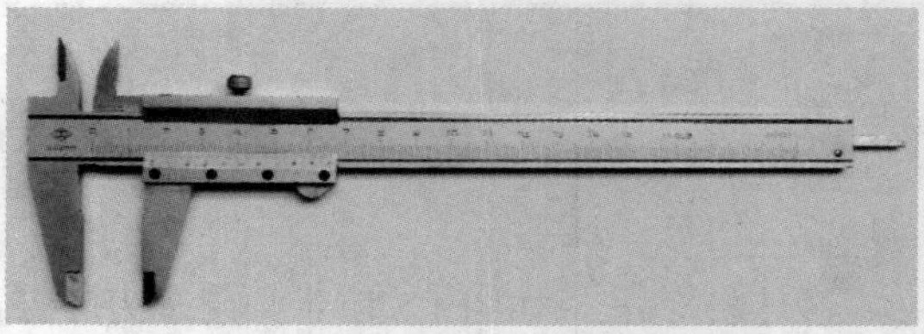 图 1.14　游标卡尺
千分尺	如图 1.15 所示，千分尺是一种钳工常用的精密量具，它的测量精度比游标卡尺高，而且比较灵敏。因此，对于加工精度要求较高的工件尺寸，要用千分尺来测量	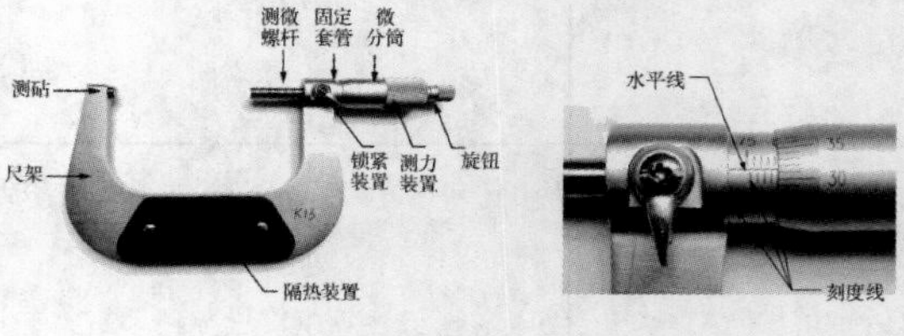 图 1.15　千分尺

万能角度尺	如图 1.16 所示，万能角度尺是用来测量精密零件内外角度或进行角度划线的角度量具。除测量角度、锥度之外，还可以作为划线工具划角度线	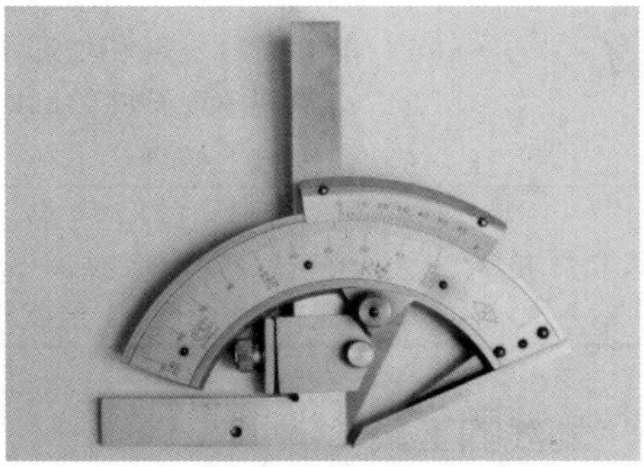 图 1.16　万能游标量角器
直角尺	如图 1.17 所示，直角尺是钳工常用的量具，它可作为划平行线、垂直线的导向工具，还可以用来找正工件在划线平板上的垂直位置，并可检验工件两平面的垂直度或单个平面的平面度	 图 1.17　直角尺

1.1.3　划线的概念和种类

概念	说明	图示
划线	根据图样和技术要求，在毛坯或半成品上用划线工具划出加工界线，或划出作为基准的点、线的操作过程称为划线	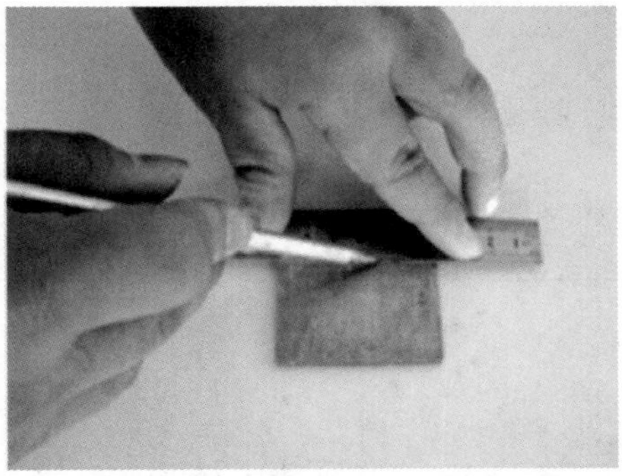
平面划线	只需要在工件一个表面上划线后即能明确表示加工界线的划线方法，称为平面划线，如图 1.18 所示	 图 1.18　平面划线
立体划线	需要在工件几个互成不同角度（一般是互相垂直）的表面上划线，才能明确表示加工界线的，称为立体划线，如图 1.19 所示	 图 1.19　立体划线

作用	1．确定工件加工面的位置与加工余量，给下道工序划定明确的尺寸界限 2．能够及时发现和处理不合格毛坯，避免不合格毛坯流入加工中造成损失 3．当毛坯出现某些缺陷时，可通过划线时的"借料"方法，来达到一定的补救 4．在板料上按划线下料，可以做到正确排料，合理用料
基本要求	1．线条清晰均匀，定形、定位尺寸准确 2．由于划线的线条有一定的宽度，一般要求划线精度达到 0.25～0.5mm。应当注意，工件的加工精度（尺寸、形状精度）不能完全由划线确定，而应该在加工过程中通过测量来保证

1.1.4 划线的工具

名称	说明	图示
划线平台	如图 1.20 所示，用于安放工件和划线工具，并在平台工作面上完成划线过程	 图 1.20　划线平台
划针	如图 1.21 所示，针尖磨成 15°～20°夹角，紧靠导向面，在毛坯或工件上划线	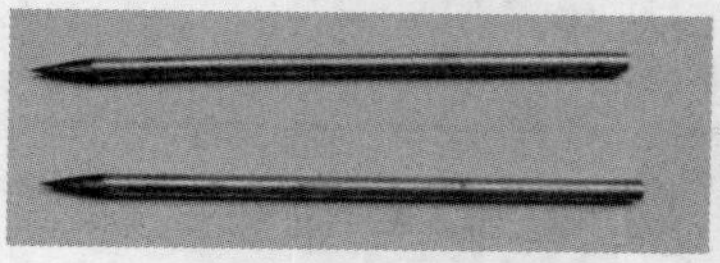 图 1.21　划针
划规	如图 1.22 所示，划规是划圆和圆弧、等分线段和角度、量取尺寸的工具	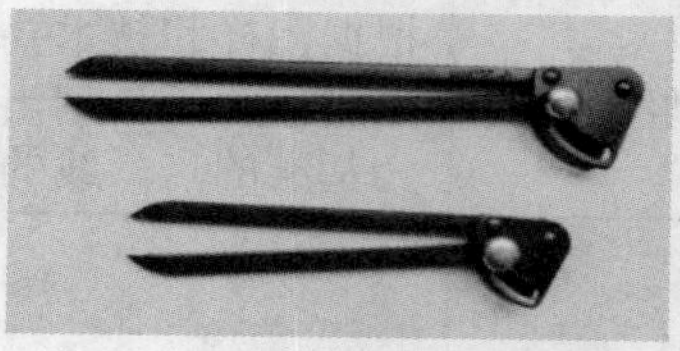 图 1.22　划规
高度游标划线尺	如图 1.23 所示，用来测量高度，又可以用量爪直接划线	 图 1.23　高度游标划线尺
钢直尺	如图 1.24 所示，一种简单的测量工具和划线的导向工具	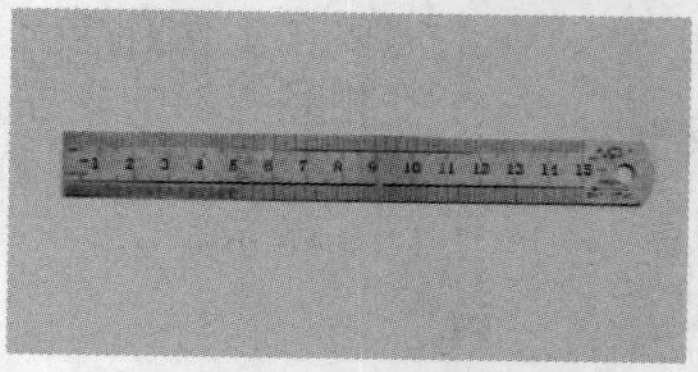 图 1.24　钢直尺

90°角尺	如图 1.25 所示，90°角尺是划平行线、垂直线的导向工具，找正工件在划线平板上的垂直位置	 图 1.25　90°角尺
万能角度尺	如图 1.26 所示，万能角度尺除测量角度、锥度之外，还可以作为划线工具划角度线	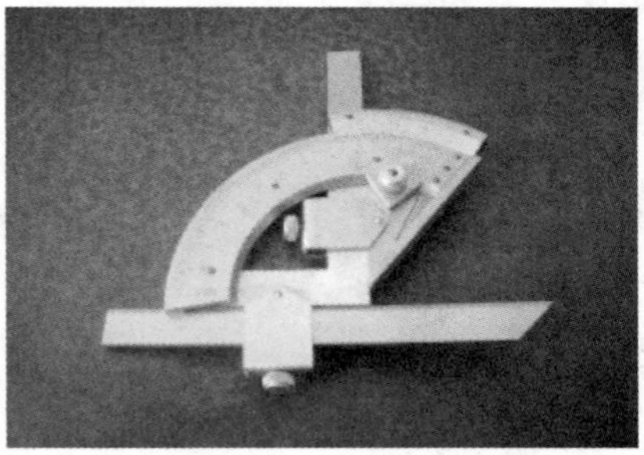 图 1.26　万能角度尺
样冲	如图 1.27 所示，用于在工件加工界线上冲起清晰作用的孔眼或划圆和钻孔时的定位中心	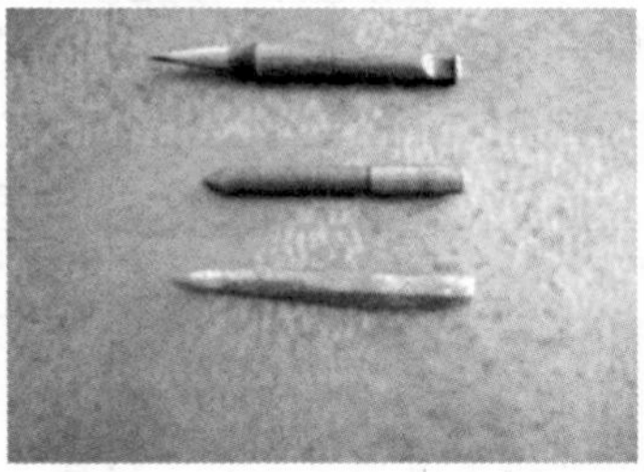 图 1.27　样冲
靠（V 形）铁	如图 1.28 所示，用于支撑、夹持工件	 图 1.28　V 形铁

1.1.5　划线操作

名称	含义
基准的概念	在工件图上用来确定其他点、线、面位置的基准，称为设计基准
划线基准的概念	指在划线时选择工件上的某个点、线、面作为依据，用它来确定工件的各部分尺寸、几何形状及相对位置
划线基准的选择	1. 以两个相互垂直的平面或直线为划线基准，如图 1.29（a）所示 2. 以两个相互垂直的中心线为划线基准，如图 1.29（b）所示 3. 以一个平面和一条中心线为划线基准，如图 1.29（c）所示

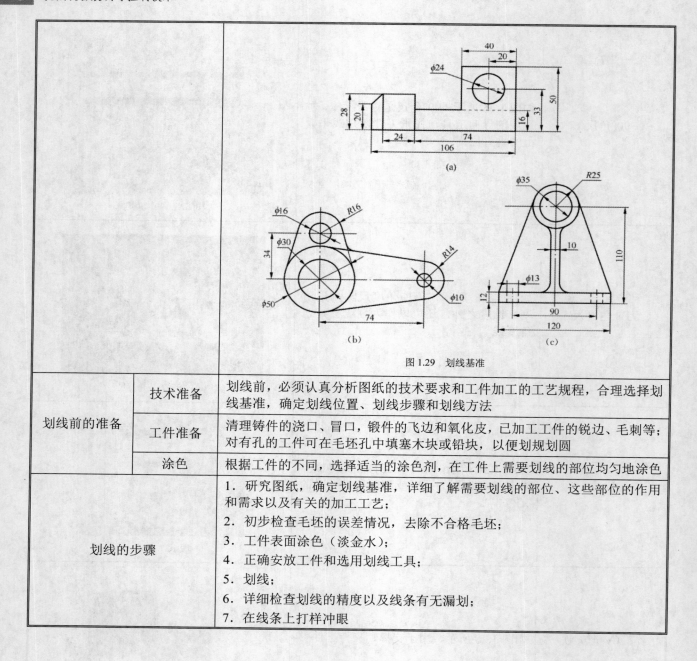

图 1.29 划线基准

划线前的准备	技术准备	划线前，必须认真分析图纸的技术要求和工件加工的工艺规程，合理选择划线基准，确定划线位置、划线步骤和划线方法
	工件准备	清理铸件的浇口、冒口，锻件的飞边和氧化皮，已加工工件的锐边、毛刺等；对有孔的工件可在毛坯孔中填塞木块或铅块，以便划规划圆
	涂色	根据工件的不同，选择适当的涂色剂，在工件上需要划线的部位均匀地涂色
划线的步骤		1．研究图纸，确定划线基准，详细了解需要划线的部位、这些部位的作用和需求以及有关的加工工艺； 2．初步检查毛坯的误差情况，去除不合格毛坯； 3．工件表面涂色（淡金水）； 4．正确安放工件和选用划线工具； 5．划线； 6．详细检查划线的精度以及线条有无漏划； 7．在线条上打样冲眼

子学习情境 1.2 锯削

锯削工作任务单

情　境	钳工基本操作技能				
学习任务	子学习情境 1.2：锯削			完成时间	
任务完成	学习小组		组长	成员	
任务要求	掌握：1．锯削的基本知识；2．锯削的基本技能				

任务载体和资讯	见图 1.3 燕尾块毛坯件和图 1.4 凹板毛坯件	要求：完成图 1.3 燕尾块毛坯件和图 1.4 凹板毛坯件所示毛坯工件的锯削。正确完成毛坯件的锯削，为锉削留有一定的加工余量 资讯： 1．锯削的知识； 2．锯削的运动方式； 3．锯削的速度和压力
资料查询情况		
完成任务注意点	1．锯条松紧是否适当； 2．锯削时，运动的速度是否合适，一般为 40 次/分； 3．起锯和锯削是否注意重点保证有尺寸要求的一边	

任务描述

学习目标	学习内容	任务准备
1．掌握锯削的基本知识 2．能够进行毛坯件的正确锯削	1．锯削的概念和工具 2．锯削的方法	前期准备：锯弓、锯条 知识准备：锯削的知识、锯削的运动方式、锯削的速度和压力

知识链接

1.2.1　锯削的基本知识

名称	图示
锯削	用手锯对材料或工件进行切割或切槽等的操作称为锯削。手锯可以锯断各种原材料或半成品，锯掉工件上多余部分或在工件上锯槽等
锯弓和锯条（见图 1.30）	图 1.30　锯弓和锯条
手锯（见图 1.31）	（a）固定式锯弓　　（b）可调式锯弓 1—弓架；2—可调部分；3—固定部分；4—固定拉杆；5—销子；6—锯条；7—活动拉杆；8—蝶形螺母 图 1.31　手锯

1.2.2　锯削操作

名称		要求	图示
锯削的准备	锯条的安装	手锯是向前推进时起切削作用，反之不起切削作用。安装锯条时，锯齿齿尖方向必须朝前，如图 1.32 所示。调整蝶形螺母使锯条绷紧程度要适当，过紧时锯条失去弹性，用力不当，容易使锯条折断；过松时易使锯条扭曲、折断，使锯缝歪斜	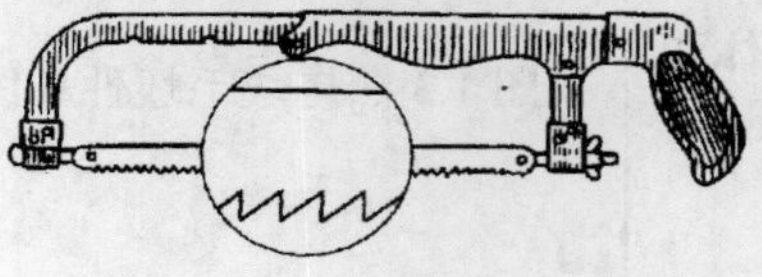 （a）错误 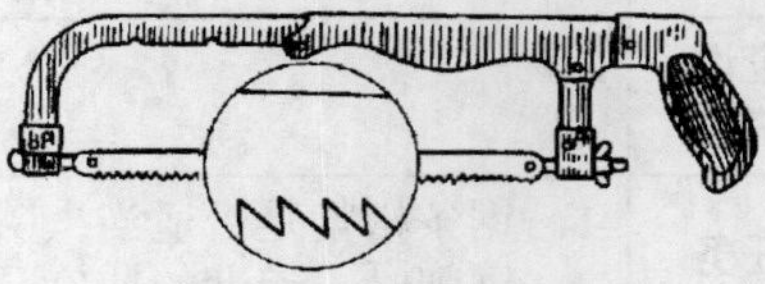 （b）正确 图 1.32　锯条的安装
	工件的夹紧	工件伸出钳口不应过长，防止锯削时产生颤动。锯线应和钳口垂直，并夹在台虎钳的左边，以便操作，如图 1.33 所示。工件要夹紧，并应防止变形和夹坏已加工表面	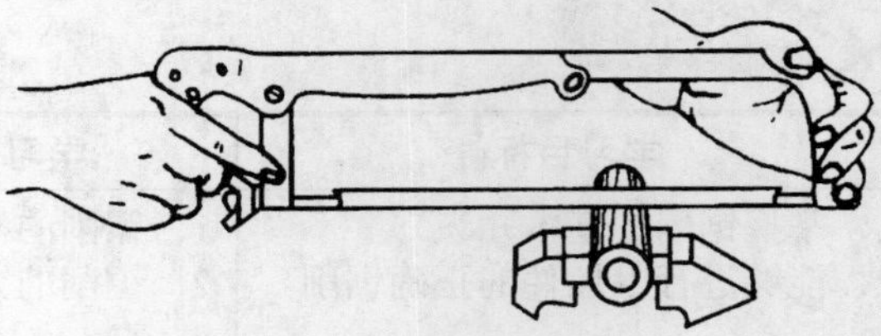 图 1.33　工件的夹紧
锯削的姿势	站立姿势	如图 1.34 所示，左脚与台虎钳中心线的夹角为30°，右脚与台虎钳中心线的夹角为75°，身体与台虎钳中心线的夹角为45°； 锯割前站立位置——两手握住锯弓，锯条前端放在工件上面，左臂弯曲，小臂与工件锯割面的左右方向保持基本平行，右小臂要与工件锯剖面的前后方向保持基本平行，但要自然，左腿弯曲、右腿伸直，身体前倾10°左右； 锯割开始时，身体先于锯弓并与之一起向前，右腿伸直并稍向前倾，重心在左脚，左膝部呈弯曲状态，锯至约 3/4 行程时，身体停止前进，两臂则继续将锯弓锯到头，同时，左脚自然伸直并随着锯削时的反作用力，将身体恢复原位，并顺势将锯弓收回； 当锯弓收回将近结束时，身体又开始先于锯弓前倾，作第二次锯割的向前运动	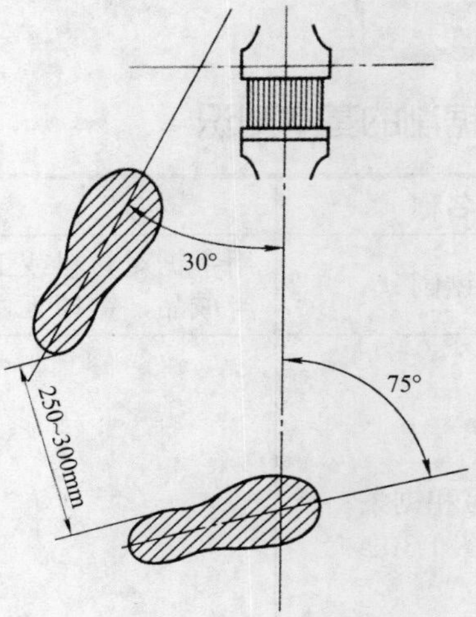 （a）  （b） 图 1.34　站立姿势

	握锯	一般握锯方法是右手握稳锯柄,左手轻扶弓架前端。双手扶正锯弓,放在工件上,如图1.35所示。运动时右手施力,左手压力不要太大,主要是协助右手扶正锯弓,身体稍微前倾,回程时手稍向上抬,在工件上方滑过	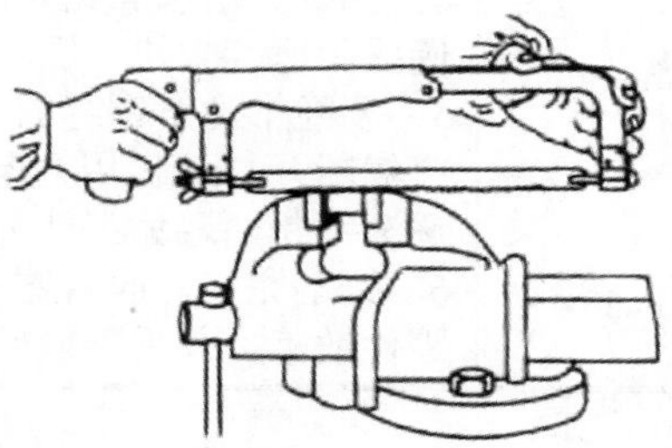 图1.35　握锯
	起锯	起锯是指锯条开始切入零件,目的是保证锯缝与锯割线一致。起锯时将左手拇指按在工件锯削的位置上进行定位,见图1.36(a),要用左手拇指指甲挡住锯条,起锯角约为15°,推动手锯。锯弓往复行程要短,压力要轻,速度要慢,锯条要与零件表面垂直,当起锯到槽深2~3mm时,起锯可结束,将拇指离开工件放在锯弓前端,应逐渐将锯弓改至水平方向进行正常锯削。起锯方式有远起锯和近起锯,远起锯是从工件远离自己的一端起锯,如图1.36(b)所示,一般情况下采用远起锯较好,因为远起锯锯齿是逐步切入材料,锯齿不易卡住,起锯也较方便;近起锯是从工件靠近操作者身体的一端起锯,如图1.36(c)所示,若采用近起锯法而掌握不好,锯齿会被工件的棱边卡住,此时也可采用向后拉手锯作倒向起锯,使起锯时接触的齿数增加,然后再作推进起锯,这样锯齿就不会被棱边卡住而崩裂。无论用哪一种起锯的方法,起锯角度都不要超过15°	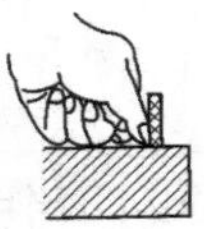 (a)用拇指引导锯条切入 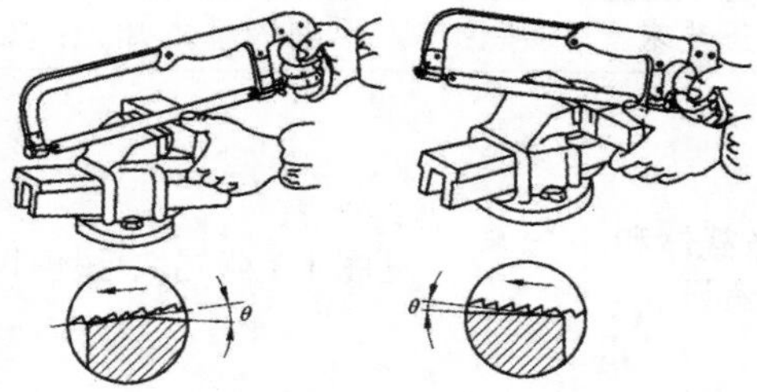 (b)远起锯　　(c)近起锯 图1.36　起锯
运动方式	直线往复操作	在推锯时,身体略向前倾,自然地压向锯弓,当推进了大半行程时,身随手推锯弓准备回程。回程时,左手把锯弓略微抬起一些,让锯条在工件上轻轻滑过,让身体回到初始位置,这种操作方式适用于加工薄形工件及直槽; 要求:在整个锯削过程中,应保持锯缝的平直,如有歪斜应及时纠正	
	摆动式操作	在锯弓推进时,人的身体略向前倾,自然地压向锯弓,右手下压、左手上抬;回程时,在工件表面滑过,不加压,回到起始位置。这种操作便于缓解手的疲劳	
	压力和速度	锯削运动时,压力应根据所锯工件材料的性质来定,锯割硬材料时,因不容易切入,压力应大些,但要防止打滑;锯削软材料时,压力应小些,防止切入过深而产生咬住现象。推力和压力由右手控制,左手主要配合右手扶锯弓,压力不要过大,手锯向前推出是切削行程,应施加压力,返回行程为空行程,不切削,不要施加压力,作自然拉回。工件将锯断时,压力一定要减小,否则易发生工伤事故。锯削速度以每分钟20~40次为宜,锯削软材料可快些,硬材料要慢一些,速度过快,锯条容易磨损,过慢则效率不高		
	注意事项	1.锯削时可给锯条加油润滑冷却。在锯割钢件时,可加些机油,以减少锯条与锯削断面的摩擦并能冷却锯条,可以提高锯条的使用寿命 2.安装锯条时,锯齿齿尖方向必须沿切削方向朝前。安装锯条应装夹松紧适当,锯削时不可突然摆动过大、用力过猛,以防锯条折断后崩出伤人 3.工件应夹持在台虎钳的左边,以便操作;锯削线应与钳口垂直,以防锯斜;锯削线离钳口不应太远,以防振动。工件要夹牢,以防锯削时工件移动而引起锯条折断。光滑表面不要夹得过紧,防止夹坏工件的已加工表面及引起工件的变形		

4．起锯方法和起锯角度要正确，锯削速度以 20～40 次/分为宜，材料软可快些，反之应慢些。速度太快，锯条容易磨钝，反而降低切削效率；速度太慢，效率不高 5．要经常注意锯缝的平直情况并及时纠正。工件将要锯断时，应减小压力，避免因工件突然断开，手仍用力向前冲而发生事故；左手应扶持工件断开部分，右手减慢切削速度逐渐锯断，避免工件掉下砸伤脚 6．锯割完毕，应将锯弓上蝶形螺母拧松些，卸除锯条的张紧力，但不要拆下锯条，以免零件散落，并妥善放好

子学习情境 1.3　錾削

情境导入

錾削工作任务单

情　　境	钳工基本操作技能					
学习任务	子学习情境 1.3：錾削				完成时间	
任务完成	学习小组		组长		成员	
任务要求	掌握：1．錾削的基本知识；2．錾削的基本技能					
任务载体和资讯	见图 1.3 燕尾块毛坯件和图 1.4 凹板毛坯件				要求：錾削图 1.3 燕尾块毛坯件和图 1.4 凹板毛坯工件。对毛坯工件进行适当錾削去除余料 资讯： 1．錾削的工具； 2．錾削的操作方法； 3．錾削的注意事项	
资料查询情况						
完成任务注意点	1．錾削工件的位置是否正确； 2．錾削的方法是否正确					

任务描述

学习目标	学习内容	任务准备
1．掌握錾削的基本知识 2．能够进行毛坯件的正确錾削	1．錾削的概念和工具 2．錾削的方法	前期准备：錾子和手锤 知识准备：起錾方法、錾削动作

知识链接

1.3.1　錾削的基本知识

名称	图示
錾削	錾削是用锤子打击錾子对金属工件进行切削加工的方法。錾削是经济方便的粗加工方法，用于不便于机加工的场合。它的功能主要包括切削或分割材料、去除毛坯的毛刺、凸台和望油槽等。錾削是钳工的一项较重要的基本技能

工具	錾子（见图1.37）	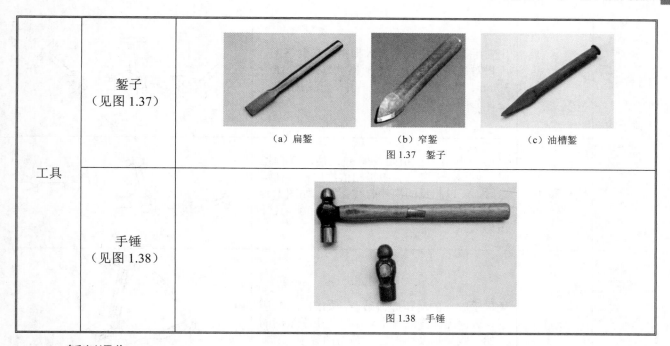

（a）扁錾　　　　（b）窄錾　　　　（c）油槽錾

图1.37　錾子

	手锤（见图1.38）	图1.38　手锤

1.3.2　錾削操作

名称		操作方法	图示
錾子的握法	正握法	手心向下，用虎口夹住錾身，拇指与食指自然伸开，其余三指自然弯曲靠拢握住錾身，如图1.39所示。錾子顶部露出虎口不宜过长，一般在10～15mm左右。露出越长，錾子抖动越大，锤击准确度也就越差。这种握錾方法适于在平面上进行錾削	图1.39　正握法
	反握法	手心向上，手指自然捏住錾身，手心悬空，如图1.40所示。这种握錾方法适用于小量的平面或侧面錾削	图1.40　反握法
	立握法	虎口向上，拇指放在錾子一侧，其余四指放在另一侧捏住錾子，如图1.41所示。这种握錾方法适用于垂直錾切工件，例如，在铁砧上錾断材料	图1.41　立握法

锤子的握法	紧握法	用右手五指紧握锤柄，大拇指合在食指上，虎口对准锤头方向，木柄尾端露出约 15～30mm。在挥锤和锤击过程中，五指始终紧握，如图 1.42 所示	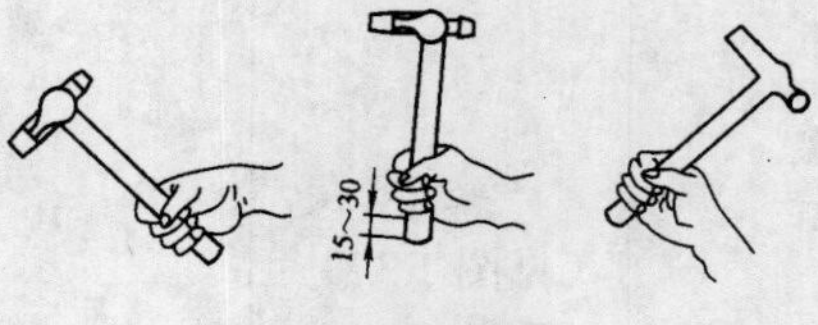 图 1.42　紧握法
	松握法	只用大拇指和食指始终紧握锤柄。在挥锤时，小指、无名指、中指则依次放松；在锤击时，又以相反的次序收拢握紧，如图 1.43 所示。这种握法的优点是手不易疲劳，且锤击力大	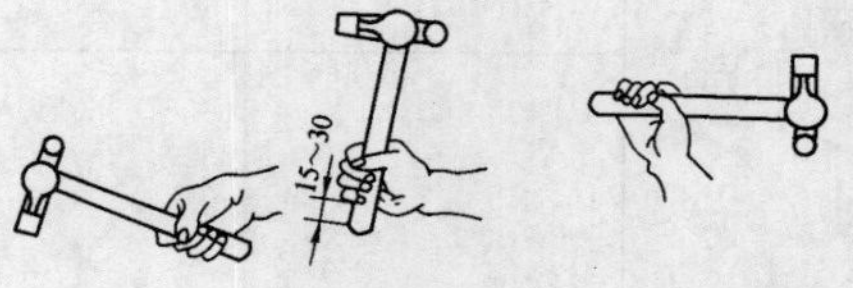 图 1.43　松握法
挥锤的方法	腕挥	凭借手腕部的动作挥锤敲击，如图 1.44 所示，这种挥锤方法锤击力小，适用于錾削的开始与收尾以及需要轻微锤击的錾削工作	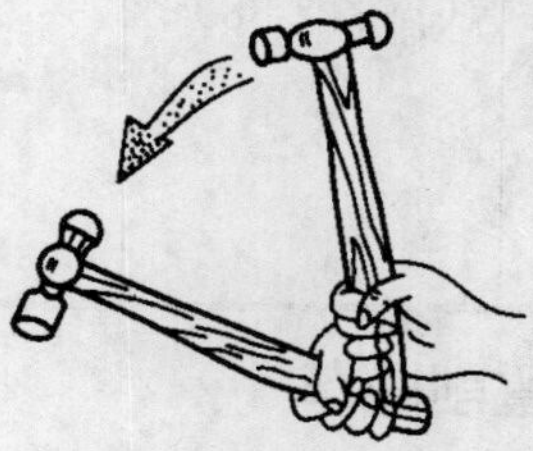 图 1.44　腕挥
	肘挥	如图 1.45 所示，靠手腕和肘的活动，也就是小臂的挥动。挥锤时，手腕和肘向后挥动，上臂不大动，然后迅速向錾顶击去。锤击次数每分钟 40～50 次。肘挥的锤击力较大，所以应用较为广泛	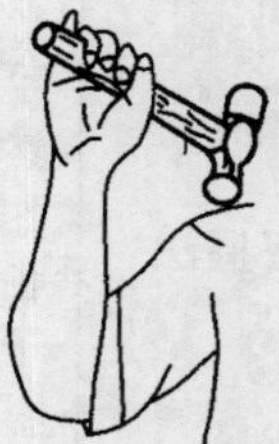 图 1.45　肘挥
	臂挥	如图 1.46 所示，臂挥是腕、肘和肩的联合动作。挥锤时，手腕和肘向后上方伸，并将臂伸开。臂挥的锤击力大，适用于大锤击力的錾削工作。挥锤速度较肘挥稍慢些。臂挥较难掌握，但只要掌握了臂挥，其他两种挥锤方法也就容易掌握了	 图 1.46　臂挥
錾削的姿势		錾削时，两脚互成一定角度，左脚跨前半步，右脚稍微朝后，身体自然站立，重心偏于右脚，右脚要站稳，右腿伸直，左腿膝盖关节应稍微自然弯曲，眼睛注视錾削处，左手握錾使其在工件上保持正确的角度，右手挥锤，使锤头沿弧线运动，进行敲击，如图 1.47 所示	 （a）站立姿势　图 1.47　錾削的姿势

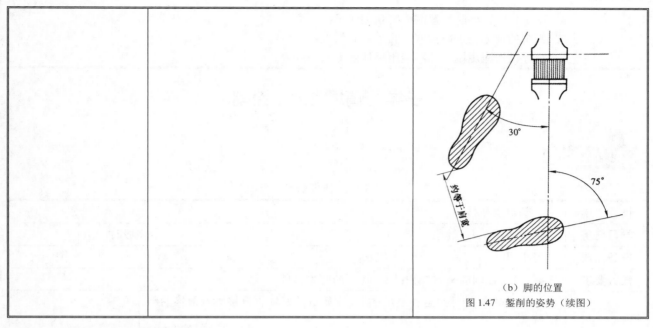

（b）脚的位置

图 1.47　錾削的姿势（续图）

1.3.3　錾削的方法和注意事项

名称	方法	图示
起錾方法	起錾方法有斜角起錾和正面起錾两种，如图 1.48 所示。錾削平面时，应采用斜角起錾的方法，即在工件的边缘尖角处，将錾子置放成负角，錾出一个斜面，然后按正常的錾削角度逐步向中间錾削（錾削槽时，必须正面起錾，錾出一个斜面，然后按正常角度錾削）錾削平面用扁錾。每次錾削的余量约 0.5～2mm，錾削时要掌握好起錾的方法	（a）斜角起錾　（b）正面起錾 图 1.48　起錾方法
錾削动作	錾削时的切削角度一般后角在 5°～8° 之间。后角过大錾子易向工件深处扎入；后角过小錾子易滑出（见图 1.49）。錾削过程中，一般每錾两三次后，可将錾子退回一些，作一次短暂的停顿，然后再将要刃顶住錾处继续錾削。这样即可观察錾削表面的平整度，又可使手臂肌肉有节奏地放松	（a）后角正常　（b）后角太大　（c）后角太小 图 1.49　后角及其对錾削的影响
尽头地方的錾削	一般情况下，当錾削接近尽头约 15mm 时，必须掉头錾去余下的部分，当錾削脆性材料时尤其如此，否则尽头处就易崩裂。对青铜等脆性材料尤应如此，如图 1.50 所示	（a）不正确　（b）正确 图 1.50　尽头地方的錾削
注意事项	1．工件应装夹牢固，防止击飞伤人； 2．锤头、锤柄要装牢，防止锤头飞出伤人，操作时不准戴手套，木柄上不应有油； 3．錾子尾部的毛刺和卷边应及时磨掉，錾子刃口经常修磨锋利，避免打滑；	

4．拿工件时，要防止錾削面锐角划伤手指；
5．錾削的前方应加防护网，防止铁屑伤人；
6．清除铁屑应用刷子，不能用手抹或嘴吹

子学习情境 1.4 锉削

 情境导入

锉削工作任务单

情　　境	钳工基本操作技能					
学习任务	子学习情境 1.4：锉削				完成时间	
任务完成	学习小组		组长		成员	
任务要求	掌握：1．锉削的基本知识；2．锉削的基本技能					
任务载体和资讯	图 1.51 为燕尾转位组合件装配图，锉削质量的好坏将直接影响最终的装配效果 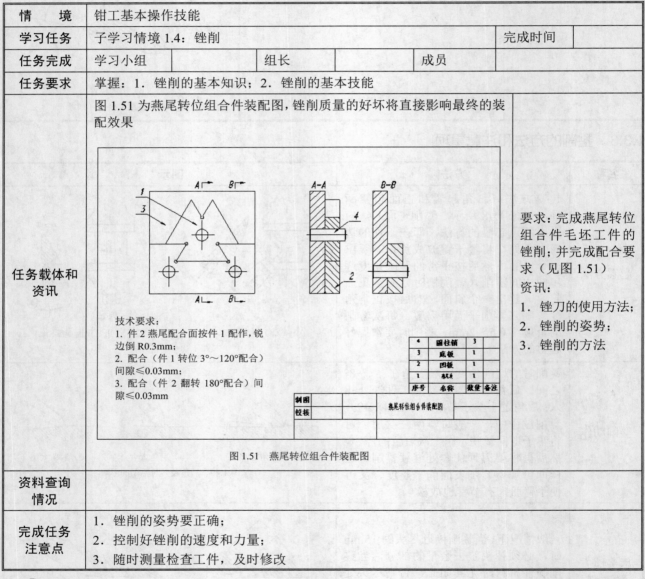 技术要求： 1．件 2 燕尾配合面按件 1 配作，锐边倒 R0.3mm； 2．配合（件 1 转位 3°～120°配合）间隙≤0.03mm； 3．配合（件 2 翻转 180°配合）间隙≤0.03mm 图 1.51 燕尾转位组合件装配图				要求：完成燕尾转位组合件毛坯工件的锉削；并完成配合要求（见图 1.51） 资讯： 1．锉刀的使用方法； 2．锉削的姿势； 3．锉削的方法		
资料查询情况						
完成任务注意点	1．锉削的姿势要正确； 2．控制好锉削的速度和力量； 3．随时测量检查工件，及时修改					

 任务描述

学习目标	学习内容	任务准备
1．掌握锉削的基本知识 2．能够进行毛坯件的正确锉削	1．锉削的概念和工具 2．锉削的方法	前期准备：锉刀； 知识准备：锉削的姿势、锉削的速度、平面锉削的技巧

1.4.1　锉削的基本知识

名称	说明	图示
锉削	用锉刀对工件表面进行切削加工，使其尺寸、形状、位置和表面粗糙度等都达到要求，这种加工方法称为锉削	锉刀面　锉刀边 底齿 锉刀尾 木柄　长度　面齿 舌 图 1.52　锉刀
锉刀的组成	由锉身和锉柄两部分组成。锉刀面是锉削的主要工作面，锉柄用来装锉刀柄，如图 1.52 所示	
锉刀的类型	按锉刀的长度分类有：300mm、250mm、200mm、150mm、100mm； 按锉齿的粗细分类有：粗锉、中锉、细锉、油光锉； 锉刀按其用途不同可分为普通钳工锉、异形锉和整形锉 3 种 其中普通钳工锉按其断面形状又可分为平锉（板锉）、方锉、三角锉、半圆锉和圆锉等 5 种，如图 1.53 所示	板锉　方锉　三角锉　半圆锉　圆锉 图 1.53　锉刀的类型
	异形锉有刀口锉、菱形锉、扁三角锉、椭圆锉、圆肚锉等。异形锉主要用于锉削工件上特殊的表面； 整形锉又称什锦锉，主要用于修整工件细小部分的表面，如图 1.54 所示	图 1.54　整形锉
锉刀的使用选择	粗锉刀有较大的容屑空间；一般适用于锉削软材料以及加工量大和要求不太高的工件。细锉刀用于加工余量小、精度要求高和表面粗糙度小的工件。此外，新锉刀的齿比较锐利，适合锉软金属，新锉刀用一段时间后再锉硬金属则较好。锉的作用有多种，如除去缺陷、锉毛刺、倒圆角、扩孔、锉槽、修饰表面等，如图 1.55 所示	（a）（b）锉平面　（c）（d）锉燕尾和三角孔 （e）（f）锉半圆　（g）锉楔角　（h）锉内角 图 1.55　锉刀的使用选择

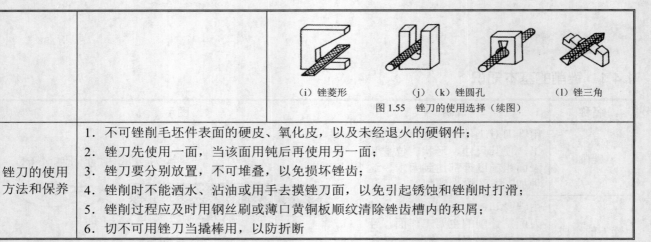

图 1.55　锉刀的使用选择（续图）

锉刀的使用 方法和保养	1．不可锉削毛坯件表面的硬皮、氧化皮，以及未经退火的硬钢件； 2．锉刀先使用一面，当该面用钝后再使用另一面； 3．锉刀要分别放置，不可堆叠，以免损坏锉齿； 4．锉削时不能洒水、沾油或用手去摸锉刀面，以免引起锈蚀和锉削时打滑； 5．锉削过程应及时用钢丝刷或薄口黄铜板顺纹清除锉齿槽内的积屑； 6．切不可用锉刀当撬棒用，以防折断

1.4.2　锉削操作

类型	操作方法	图示
锉刀柄 的装拆 方法	锉刀舌是用来安装锉刀柄的。制造锉刀柄常用木质材料，在锉刀柄的前端有一安装孔，孔的最外围有铁箍； 锉刀柄的安装有两种方法（见图 1.56）：第一种方法，右手握锉刀，左手五指扶住锉刀柄，在台虎钳后面的砧面上用力向下冲击，利用惯性把锉刀舌部装入柄孔内；第二种方法，左手握住锉刀，先把锉刀轻放入柄孔内，然后右手用榔头敲击锉刀柄，使锉刀舌部装入柄孔内。注意在安装的时候，要保持锉刀的轴线与柄的轴线一致	（a）正确　　　　（b）错误 （c）正确　　　　（d）错误 图 1.56　锉刀的安装
	拆锉刀柄时，不能硬拔，否则容易出事故，而且不易拔出。通常在台虎钳侧面的上止口，锉刀平放，柄水平方向由远至近地加速冲击，柄运动至台虎钳止口突然停住，而锉刀在惯性的作用下与柄分开，这样做既省力又快。注意拆卸的时候，锉刀运动方向上不能有人，以免受到伤害，如图 1.57 所示	图 1.57　用惯性力拆锉刀柄
锉刀的 握法	锉刀的正确握法是保证锉削姿势自然协调的前提。图 1.58 是 250mm 锉刀的基本握法，初学者必须熟练掌握。其方法是：右手紧握锉刀柄，柄端抵住手掌心上，大拇指放在锉刀柄上部，其余手指由下而上地握着锉刀柄；左手的基本握法是拇指自然屈伸，其余四指弯向手心，与手掌共同把持锉刀前端	图 1.58　锉刀的握法

	锉刀的不同握法如图 1.59 所示	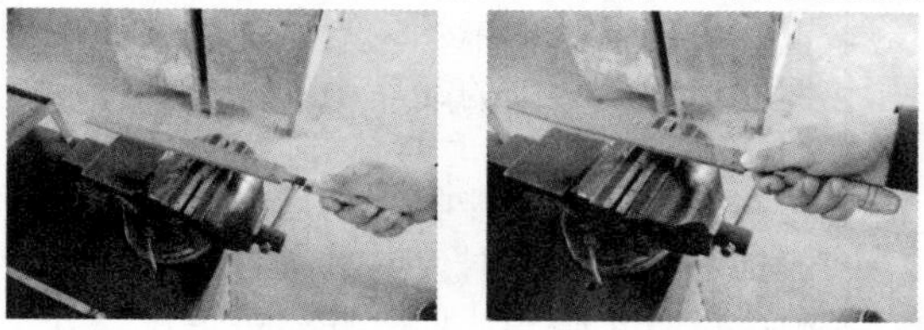 （a）正确　　　　　　　（b）错误  （c）正确　　　　　　　　（d）错误 图 1.59　锉刀的不同握法
推锉	推锉方法如图 1.60 所示	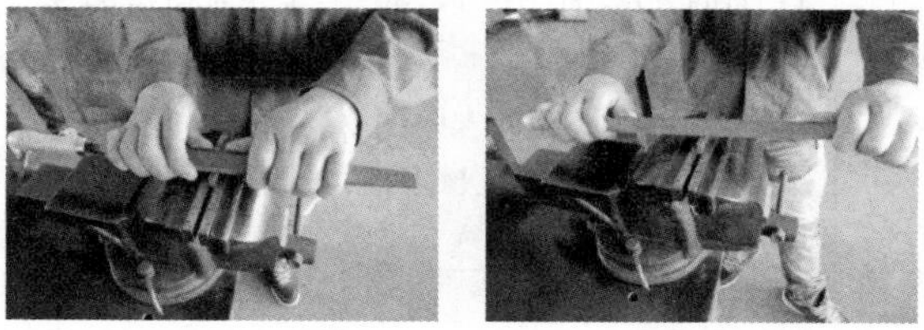 （a）正确　　　　　　　（b）错误 图 1.60　推锉的方法
站立姿势	站立位置；锉削时的站立位置与锉削基本相同，只不过两脚间距稍大一些。力求自然便于用力，以适合不同的加工要求为准，如图 1.61 所示。	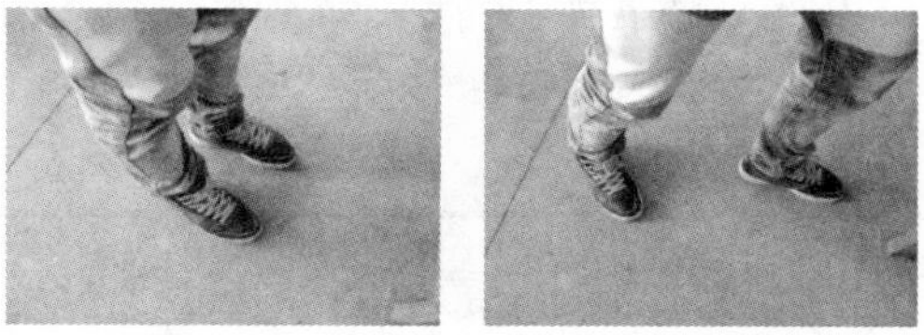 （a）错误　　　　　　　（b）正确 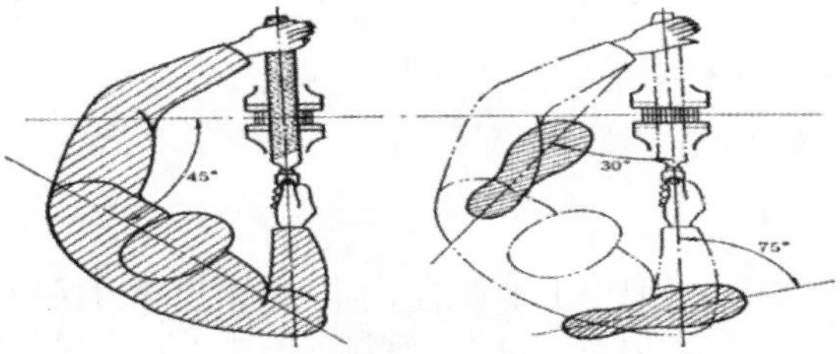 图 1.61　锉削时的站立步位和姿势

| 锉削姿势 | 锉削时，身体的重心放在左脚，右膝伸直，脚始终站稳不动，靠左膝的屈伸作往复运动。锉削的动作由身体和手臂运动合成。开始锉削时身体要向前倾斜10°左右，右肘尽可能收缩到后方。锉刀向前推进三分之一时，身体前倾到15°左右，这时左膝稍弯曲。锉刀再推进三分之一时，身体逐渐倾斜到18°左右。最后三分之一行程，用右手腕将锉刀继续推进，身体随着锉刀的反作用力退回到初始位置。锉削全程结束后，将锉刀略提起一些，把锉刀拉回，准备第二次的锉削，如此反复进行；

开始时，身体先于锉刀并与之一起向前，右脚伸直并稍向前倾，重心在左脚，左膝部呈弯曲状态，当挫至四分之三行程时，身体停止前进，两臂继续将锉刀向前锉到头，同时，左脚自然伸直并随着锉削时的反作用力，将身体重心后移，使身体恢复原位并顺势将锉刀收回；

当锉刀收回将近结束时，身体又先于锉刀前倾，作第二次锉削的向前运动，如图1.62所示 | 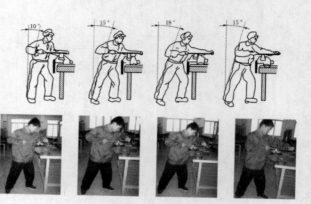
（a）开始时　（b）前 1/3 行程　（c）中间 1/3 行程　（d）最后 1/3 行程
图1.62　锉削的姿势 |
| 锉削时两手的用力 | 要锉出平直的平面，必须使锉刀保持直线的锉削运动。为此，锉削时右手的压力要随着锉刀推动而逐渐增加，左手的压力要随着锉刀的推动而逐渐减小，如图1.63所示 | 
（a）正确　　　　（b）错误　　　　（c）错误
图1.63　锉削时的用力 |

1.4.3　锉削的技巧和注意事项

名称	说明	图示
锉削的速度	要锉出平直的平面，必须使锉刀保持直线的锉削运动。为此，锉削时右手的压力要随锉刀推动而逐渐增加，左手的压力要随锉刀推动而逐渐减小，当到达锉削行程的一半时，两手的压力要相等，使锉刀处于水平状态，回程时不加压力，以减少锉齿的磨损，如图1.64所示	运动保持水平 开始位置 中间位置 终了位置 图1.64　锉削的速度

顺锉法	顺锉法是顺着同一方向对工件锉削的方法，较整齐美观，可使表面粗糙度变小变细，如图 1.65 所示	图 1.65 顺锉法
交叉锉法	交叉锉齿是锉削的基本方法，特点是锉纹顺直，它是从两个方向交叉对工件进行锉削，锉面上能显示出高低不平的痕迹，以便把高处锉去。用此法较容易锉出准确的平面，如图 1.66 所示	图 1.66 交叉锉法
推锉法	推锉法是两手横握锉刀身，平稳地沿工件表面来回推动进行锉削，其特点是切削量少，降低了表面粗糙度，一般用于锉削狭长表面，如图 1.67 所示	图 1.67 推锉法
锉削时的注意事项	1．操作时应保持工具、锉刀、量具的摆放有序、取用方便； 2．锉削练习时，要时刻保持正确的操作姿势； 3．粗锉时要充分利用锉刀的有效长度，这样可以提高锉削效率，又可以延长锉刀的使用寿命； 4．锉削时要综合考虑精度要求； 5．锉刀柄要装好，无柄、裂柄或没有锉刀柄箍的锉刀不可使用； 6．锉刀不能当作其他工具使用，如锤或棒等，锉刀上不可沾油或水； 7．不能用嘴吹铁屑，不能用手摸锉削表面，如锉屑嵌入锉刀齿纹内，应及时用锉刀刷或用薄铜片剔除； 8．测量工件时应先去除毛刺，锐边倒钝； 9．锉刀应先使用一面，待用钝后再用另一面； 10．夹持已加工表面时，应衬保护垫片	

子学习情境 1.5 孔加工

孔加工工作任务单

情　　境	钳工基本操作技能					
学习任务	子学习情境 1.5：孔加工				完成时间	
任务完成	学习小组		组长		成员	
任务要求	掌握：1．孔加工的基本知识；2．孔加工的基本技能					

任务载体和资讯	图 1.68 为底板毛坯件，底板位于燕尾块（见图 1.1）和凹板（见图 1.2）之下，在底板上进行孔加工，可便于用销对燕尾块和凹板定位 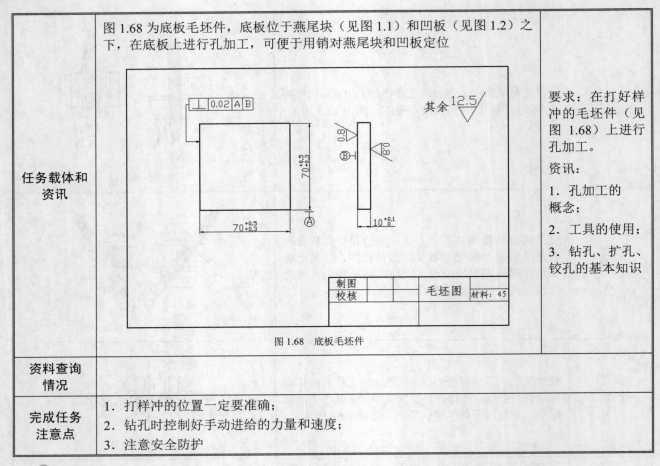 图 1.68　底板毛坯件	要求：在打好样冲的毛坯件（见图 1.68）上进行孔加工。 资讯： 1．孔加工的概念； 2．工具的使用； 3．钻孔、扩孔、铰孔的基本知识
资料查询情况		
完成任务注意点	1．打样冲的位置一定要准确； 2．钻孔时控制好手动进给的力量和速度； 3．注意安全防护	

 **任务描述**

学习目标	学习内容	任务准备
1．掌握孔加工的基本知识 2．能够正确进行毛坯件孔加工	1．孔加工的概念和工具 2．钻孔、扩孔、铰孔的知识	前期准备：台钻、钻头 知识准备：孔加工的概念、工具的使用、钻孔、扩孔、铰孔

知识链接

1.5.1　孔加工的基本知识

名称		说明	图示
分类	钻孔	在实心材料上加工出孔，即采用麻花钻等进行钻孔	 图 1.69　台钻
	扩孔、锪孔、铰孔	对已存在的孔进行加工，即扩孔、锪孔、铰孔	
钻孔的设备	台钻	台式钻床简称台钻，是一种小型钻床，一般用来加工小型工件上直径不大于 12mm 的小孔，如图 1.69 所示	

图 1.69　台钻

| 钻头 | 钻头是钻孔用的主要刀具，种类较多，常用的有麻花钻，如图 1.70 所示 | 
图 1.70   钻头 |

1.5.2   钻孔操作

名称	要求	图示
钻头的装夹	根据钻头直径不同，钻头装夹有两种形式：直柄钻头用钻夹头夹持，其夹持长度不小于 15mm；锥柄钻头利用变径套直接与钻床主轴内锥孔连接。在实际生产中，当钻许多不同直径的孔时，可采用快换钻夹头，其最大的特点是不停车就可更换钻头，大大提高了生产率。不论采用哪种装夹形式，都要求钻头在钻床主轴上装夹牢固，且在旋转时径向跳动误差最小	
工件的装夹	外形平整的工件可用平口钳装夹，如图 1.71（a）所示	
	对于圆柱形工件，可用 V 形铁进行装夹，如图 1.71（b）所示。但钻头轴心线必须与 V 形铁的对称平面垂直，避免出现钻孔不对称的现象	图 1.71 工件的装夹
	较大工件且钻孔直径在 12mm 以上时，可用压板夹持的方法进行钻孔，如图 1.71（c）所示	
	对于加工基准在侧面的工件，可用角铁进行装夹，如图 1.71（d）所示。由于此时的轴向钻削力作用在角铁安装平面以外，因此角铁必须固定在钻床工作台上	
	在薄板或小型工件上钻小孔，可将工件放在定位块上，用手虎钳夹持，如图 1.71（e）所示	
	在圆柱形工件端面钻孔，可用三爪自定心卡盘进行装夹，如图 1.71（f）所示	
起钻	钻孔前，按图纸所示要求，划出孔的十字中心线，并在十字中心上打上样冲； 打样冲的位置一定要准确，打样冲时先将样冲倾斜一个角度，以便观察，使样冲尖对准十字中心点，然后轻打一下，观察是否正确，不正确可作修正，正确的话，再将样冲略打大一点； 钻孔时，先使钻头对准钻孔中心轻钻出一个浅坑，观察钻孔位置是否正确，如有误差及时校正，使浅坑与中心同轴，如图 1.72 所示	图 1.72 打样冲眼
钻孔	手动进给操作。当起钻达到要求后，即可进行正常切削，用手动进给时，进给用力不应使钻头产生弯曲现象，以免钻孔轴线歪斜，钻小直径的孔进给力更要小，不应使钻头弯曲，一般钻孔深度在直径的 3 倍以上时，则要多次将钻头提起排屑。当孔要钻通时，进给力必须比原来的要小，以防进给量突然过大，增大切削抗力，造成钻头折断，或使工件随着钻头转动造成事故	
扩孔	孔径大的孔需分两次钻削：先用 0.6~0.8 倍孔径钻头钻底孔，再扩大到所要求的直径，这样既有利于钻头的使用（负荷分担），也有利于提高钻孔质量	

钻孔操作要点	1．钻孔时选择转速和进给量的方法为： 2．用小钻头钻孔时，转速可快些，进给量要小些； 3．用大钻头钻孔时，转速要慢些，进给量适当大些； 4．钻硬材料时，转速要慢些，进给量要小些； 5．钻软材料时，转速要快些，进给量要大些； 6．用小钻头钻硬材料时可以适当地减慢速度； 7．钻孔时手动进给的压力是根据钻头的工作情况，以目测和手感觉进行控制，在实习中应注意掌握
钻孔安全知识	1．操作钻床时不能戴手套，袖口必须扎紧，女生必须带工作帽； 2．工件必须夹紧，孔将钻穿时，要尽量减小进给力； 3．开动钻床前，应检查是否有钻夹头钥匙插在钻夹头上； 4．钻孔时不可用手和棉纱头或用嘴吹来清除切屑，操作者的头部不准与旋转着的主轴靠得太近； 5．停车时应让其主轴自然停止，不可用手刹住，也不能用反转制动。严禁在开车状态下装拆工件，检验工件和变换主轴转速，必须在停车状况下进行； 6．清洁钻床或加注润滑油时，必须切断电源

1.5.3　扩孔

说明	图示
扩孔用来扩大已加工出的孔（铸出、锻出或钻出的孔），它可以校正孔的轴线偏差，并使其获得正确的几何形状和较小的表面粗糙度，其加工精度一般为 IT9～IT10 级。扩孔的加工余量一般为 0.2～4mm； 扩孔时可用钻头扩孔，但当孔精度要求较高时常用扩孔钻，如图 1.73 所示。扩孔钻的形状与钻头相似，不同的是扩孔钻有 3～4 个切削刃，且没有横刃，其顶端是平的，螺旋槽较浅，故钻芯粗实、刚性好，不易变形，导向性好	 图 1.73　扩孔钻

1.5.4　铰孔

名称	说明	图示
铰孔的概念	铰孔是用铰刀对孔进行精加工的操作方法。铰孔分为手工铰孔和机用铰孔两种，钳工训练主要是手工铰孔。孔径较大的孔，由于切削力较大，多采用机用铰孔；另外，大批量生产也使用机用铰孔； 铰孔是应用较普遍的孔的精加工方法之一，其加工精度通常可达 IT9～IT7。铰孔后的精度和粗糙度与被铰材料及所用铰刀精度有关，铰刀精度有 H7、H8、H9 等几种等级	 （a）手用铰刀
铰孔工具	铰孔所用的工具为铰刀和铰杠。铰刀按使用方法分为手用铰刀和机用铰刀。手用铰刀工作部分长，柄部为直柄；机用铰刀工作部分短，切削刃数多，柄部为锥柄，如图 1.74 所示	 （b）机用铰刀 图 1.74　铰刀
铰孔方法　手工铰孔	手工铰孔时，铰杠要放平，顺时针旋转，两手用力、旋转速度要均匀、平稳，不能让铰刀摇摆，避免孔口成喇叭形或者孔径变大。铰削完毕要退出铰刀，以免刃口崩裂及切屑嵌入切削后面而擦伤已铰削好的孔壁

机铰刀	机铰刀是在钻、车、铣床上进行铰孔。应使工件采用一次装夹进行钻、扩、铰孔操作，以保证铰孔轴线与钻孔轴线一致。铰孔完毕，先退出铰刀后停机，避免拉毛孔壁	
铰孔时的冷却润滑	切削液的选择应根据材料的不同来定	
铰孔注意事项	1．按照铰孔要求确定铰孔次数和所用铰刀； 2．铰孔前，将工件和铰刀校正，并装夹牢固； 3．铰孔开始时，将铰刀插入孔内，用直角尺检验，使铰刀与孔所在的端面垂直； 4．铰削时，要始终保持铰刀的轴线与孔的轴线重合，并且变换铰刀每次停留的位置，以消除因停留所造成的振痕； 5．在铰削过程中，如铰刀被卡住，不要猛力扳转铰杠，可取出铰刀，清除铁屑，加乳化液后继续铰削； 6．铰孔结束后退出铰刀时，不能反转，仍按顺时针方向旋转并向上用力转出，如图 1.75 所示； 7．铰刀是精加工刀具，用后要将切屑清理干净，涂油后放入专用盒内	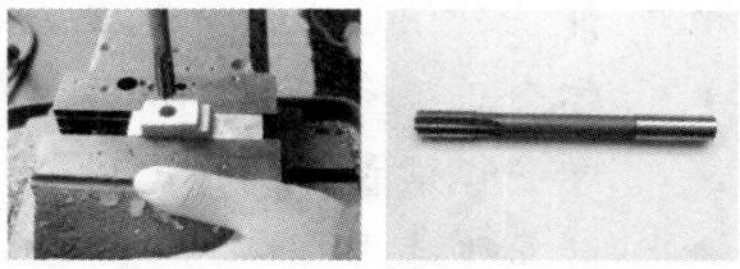 图 1.75　退出铰刀

学习情境 2 常用工量具的使用

 学习目标

- 熟练掌握工具的使用方法；熟练掌握常用量具的结构、原理、功能、规格、性能；
- 能正确识别常用装配工具的类型、名称、规格标记；
- 学会正确和熟练使用各种工具；
- 学会识读量具的读数；
- 能正确选用量具测量实物并正确读数；
- 学会按要求对工具量具进行保养和存放；
- 培养学生能按照"7S"要求进行现场管理；
- 培养学生爱岗敬业、诚实守信、服务群众、奉献社会等职业道德。

子学习情境 2.1 常用工具的使用

情境导入

常用工具的使用工作任务单

情　　境	常用工量具的使用				
学习任务	子学习情境 2.1：常用工具的使用			完成时间	
任务完成	学习小组		组长	成员	
任务要求	掌握：工具的名称、规格及使用方法				
任务载体和资讯	机械装配和调试需要专业工具和量具。认识和正确使用这些常用工具，是每个装调工作人员必须掌握的基础知识和技能。我们要对机械设备进行拆卸，首先需要准备常用工具，如图 2.1 所示 图 2.1　拆装工具			要求：根据任务载体要求能从外形识别工具，能熟练使用各类工具 资讯： 1. 工具类型、名称、规格标记； 2. 工具的使用方法	
资料查询情况					

完成任务注意点	1. 正确识别工具； 2. 熟练使用工具； 3. 使用中注意安全，严禁打闹

 **任务描述**

学习目标	学习内容	任务准备
1. 能正确使用工具，掌握使用技巧； 2. 按要求进行工具的保养和存放； 3. 培养学生课程标准教学目标中的方法能力、社会能力；达成素质目标	工具规格、使用	前期准备：常用工具主要有套装工具（55 件）、台虎钳、划线平板、拉马、紫铜棒、冲击套筒、截链器、冲击扳手。套装工具有工具箱、内六角扳手、呆扳手、活动扳手、锉刀、丝锥、铰杠、划规、样冲、锤子、卷尺、板牙、板牙架、螺丝刀、锯弓、尖嘴钳、老虎钳

 **知识链接**

机械装调常用套装工具（55 件）

名称	简介	使用说明	图示
台虎钳	台虎钳是装在工作台上供夹持工件使用的夹具，如图 2.2 所示，其规格以钳口的长度来表示，常用有 100mm、125mm、150mm 三种。台虎钳可分固定式和回转式两种	1. 台虎钳必须用两个夹紧螺钉牢固地固定在钳桌上，必须使固定钳身的钳口工作面处于钳桌边缘之外； 2. 夹紧工件时，只能用手扳动手柄，不能用手锤敲击手柄或使用套筒扳动手柄，以免丝杆、螺母或钳床损坏； 3. 丝杆、螺母以及其他活动表面上经常加油并保持清洁	图 2.2　台虎钳
划线平台	划线平台是划线工具，它的上平面经过精刨或刮削制成，如图 2.3 所示，并在平台工作面上完成划线过程	1. 安装划线平台必须使工作平面保持水平位置，否则影响划线质量； 2. 在使用过程中要保持清洁，防止切屑、灰砂等影响划线工具或工件的移动； 3. 划线时工件和工具需轻拿轻放，防止台面受撞击，不许在平台进行任何敲击工作； 4. 划线平台要各处平均使用，避免局部使用造成平台不平整，影响划线精度； 5. 平台使用后应擦净，涂油防锈	图 2.3　划线平台
拉马（拉拔器）	拉马常用于拆卸滚动轴承、齿轮、带轮、法兰、各种盘类零件，如图 2.4 所示。常用的拉马有两爪的或三爪的，采用机械式拆卸或液压拆卸	1. 使用拉马拆卸轴承或齿轮时，用拉钩作用在轴承内圈上，通过手柄转动螺杆，使螺杆下部紧紧顶住轴端，将轴承从轴上拉出来； 2. 液压拉马是以油压起动中间推杆直接前进移动，推动杆本身不做转动。钩爪座可随螺纹直接前进或后退以调节距离。操作手柄小幅摆动，即可使油压起动杆往轴端方向顶，钩爪相应后退，以拉出轴承	图 2.4　拉马

紫铜棒	紫铜导电性、塑性较好，但强度、硬度略差些，在机械装配过程中，紫铜棒作敲击工件使用，如图2.5所示	装配过程为防止损伤工件，可垫紫铜棒，敲击时对设备不会造成损坏	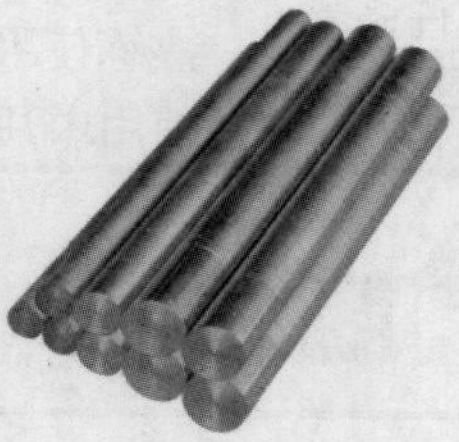 图2.5 紫铜棒
冲击套筒	用于轴承的装配，结构如图2.6所示	使用时保证冲击套筒垂直于轴承	 图2.6 冲击套筒
截链器	截链器是用来截开或者接上链条的工具，如图2.7所示	使用截链器的时候，最好把链条平放，这样便于操作	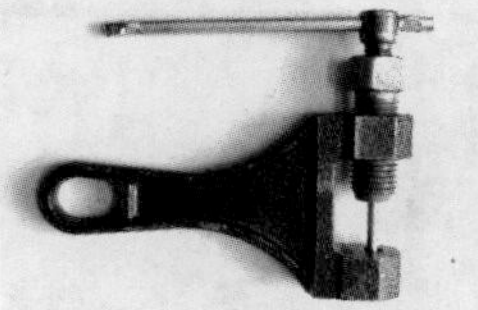 图2.7 截链器
划针	划针是在工件上划线的基本工具，划线时一般与钢板尺、90°角尺或样板等导向工具配合使用，如图2.8所示。划针用工具钢或弹簧钢制成，长度为200~300mm，直径φ3~6mm，尖端磨成10°~20°角，需淬火处理	1. 划线时，针尖要靠紧导向工具的边缘，上部向外侧倾斜15°~20°，向划线方向倾斜45°~75°； 2. 划线要做到一次划成，不可重复地划同一根线条； 3. 力度适当，才能划出清晰准确实的线条，否则线条变粗，反而模糊不清	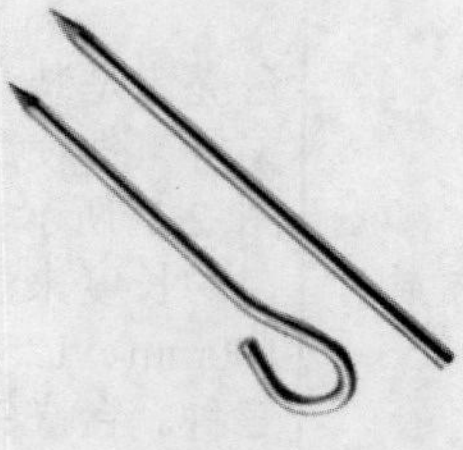 图2.8 划针
钳子	钢丝钳是一种夹钳和剪切工具，常用规格有150mm、175mm、200mm、250mm等多种，如图2.9所示	1. 不可超负荷地使用钢丝钳； 2. 在剪切钢丝不断的情况下，切忌不可扭动钳子，容易崩牙与损坏；可以在钳子留下咬痕处，用钳子夹紧钢丝，轻轻的上、下折压钢丝，就可以掰断钢丝，不但省力，而且对钳子没有损坏	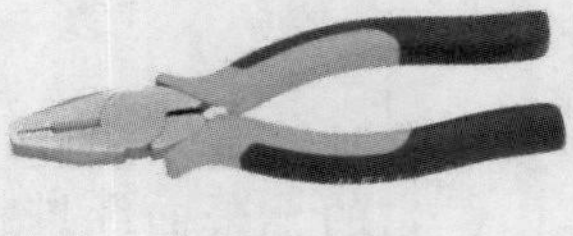 图2.9 钢丝钳
	尖嘴钳是由尖头、刀口和钳柄组成，主要用于狭小空间中夹持零件，电工用尖嘴钳，如图2.10所示尖嘴钳一般由45钢制作，韧性硬度都合适	1. 一般用右手操作，使用时握住尖嘴钳的两个手柄，开始夹持或剪切工作； 2. 使用时注意刃口不要对向自己，使用完放回原处，放置在儿童不易接处的地方，以免受到伤害； 3. 不用尖嘴钳时，应表面涂上润滑防锈油，以免生锈，或者支点发涩	 图2.10 尖嘴钳
	挡圈钳又称卡簧钳，是一种用来安装或拆卸内簧环和外簧环的专用工具。按	轴用直嘴式挡圈钳：主要用于拆装轴用弹簧挡圈的专用工具，如图2.11所示	使用时握紧钳柄，钳口张开	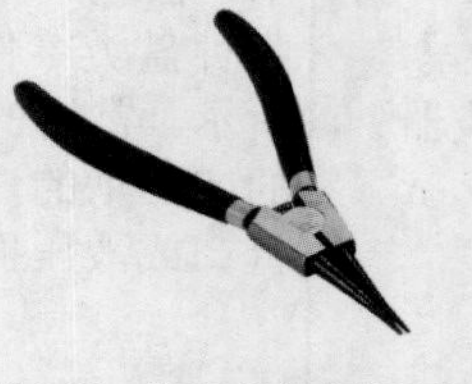 图2.11 轴用直嘴式挡圈钳

		轴用弯嘴式挡圈钳：主要用于拆装轴用弹簧挡圈的专用工具，如图2.12所示	使用时握紧钳柄，钳口张开	 图 2.12　轴用弯嘴式挡圈钳
	大小分：有5"(125)、7"(175)、9"(225)	孔用直嘴式挡圈钳：主要用于拆装孔用弹簧挡圈的专用工具，如图2.13所示	使用时握紧钳柄，钳口闭合	 图 2.13　孔用直嘴式挡圈钳
		孔用弯嘴式挡圈钳：主要用于拆装孔用弹簧挡圈的专用工具，如图2.14所示	使用时握紧钳柄，钳口闭合	 图 2.14　孔用弯嘴式挡圈钳
划规	划规在划线中可以划圆、圆弧、等分线段、等分角度及量取尺寸等 划规是用中碳钢或者工具钢制成，两脚尖端部分淬硬刃磨而成；有的划规两脚端部焊有一段硬质合金，以减少磨损变圆 划规有普通划规、扇形划规、弹簧划规、长划规	1. 普通划规的两脚铆合处松紧适当，太紧调尺寸费劲，太松尺寸易变动； 2. 扇形划规带有锁紧装置，尺寸调好后锁紧，尺寸不易变动，适用在毛坯表面上划线； 3. 弹簧划规调尺寸方便，但在划圆时一只脚易动，影响尺寸准确性，适用于较光滑的表面上划线； 4. 长划规专门用来划大尺寸圆或者圆弧		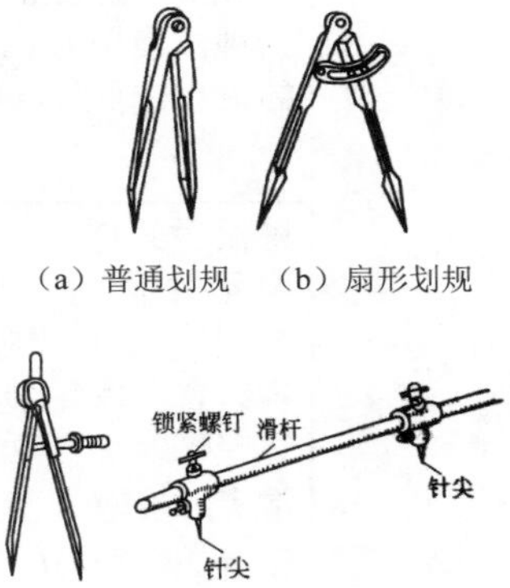 （a）普通划规　（b）扇形划规 （c）弹簧划规　（d）长划规 图 2.15　划规
样冲	样冲是在已划好的线上冲眼用的，目的是寻找划线的痕迹，如图2.16所示 样冲用工具钢制成，经淬火硬化，也可用报废的刀具磨成45°～60°尖角	1. 样冲眼一般打在十字线中心、线条交叉点和折角处； 2. 较长的直线样冲眼的距离可远些，圆弧上的样冲眼距离要密些； 3. 样冲眼应打在线宽的正中，不偏离所划线条		 图 2.16　样冲
锉刀	按断面形状不同，又可以分为扁锉、半圆锉、三角锉、方锉、圆锉等，如图2.17所示 规格：以锉身长度表示，有 100～150mm、200～300mm、350～450mm 等	1. 锉刀齿的粗细要根据加工工件的余量大小、加工精度、材料性质来选择 2. 粗齿锉刀适用于加工余量大、尺寸精度低、形位公差大、表面粗糙度数值大、材料软的工件；反之应选择细齿锉刀。使用时，根据工件要求的加工余量、尺寸精度和表面粗糙度的大小来选择		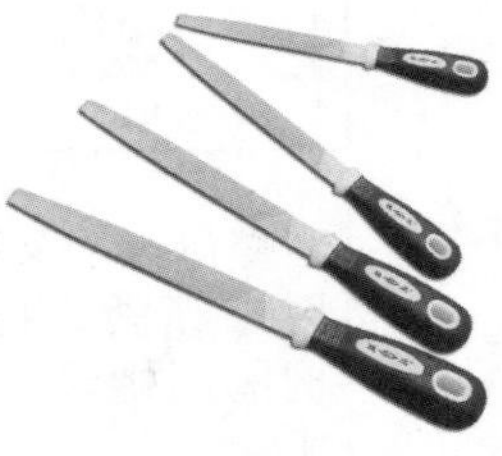 图 2.17　锉刀

	锉纹号—表示锉齿粗细的参数。按照每 10mm 轴向长度内主锉纹的条数划分五种，分别为 1 号、2 号、3 号、4 号、5 号。锉纹号越小，锉齿越粗		
	整形锉又称为什锦锉，用于锉削小而精细的金属零件，如图 2.18 所示	使用时，可根据工件的形状、加工余量、尺寸精度和表面粗糙度的大小来选择	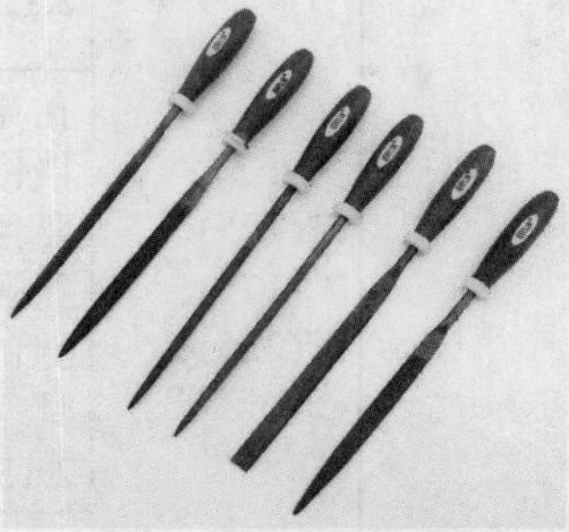 图 2.18　整形锉
扳手	活络扳手又叫活扳手，是一种旋紧或拧松有角螺丝钉或螺母的工具，如图 2.19 所示。电工常用的有 200mm、250mm、300mm 三种，使用时应根据螺母的大小选配	1．使用时，右手握手柄。手越靠后，扳动起来越省力；2．活络扳手的扳口夹持螺母时，呆扳唇在上，活扳唇在下。活扳手切不可反过来使用；3．不可在活络扳手的手柄上加接套管，以防损伤活络扳唇；4．不得把活络扳手当锤子用	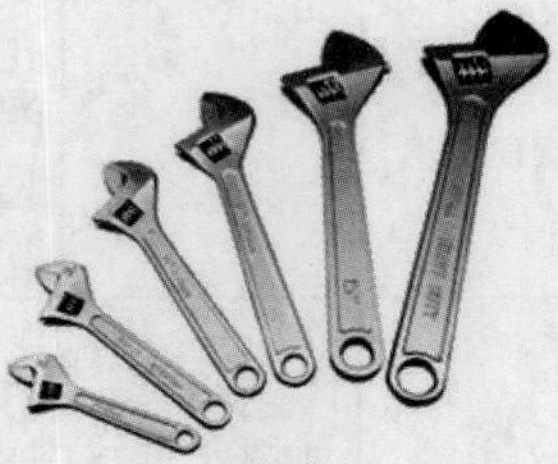 图 2.19　活络扳手
	呆扳手又称开口扳手（或称死扳手），主要作用于装配机床、机械检修、设备装置、家用装修、汽车修理等，如图 2.20 所示。常用的型号有 4×5、5.5×7、8×10、9×11、12×14、13×15、14×17、17×19、19×22、22×24、30×32、32×36 等	1．扳手应与螺栓或螺母的平面保持水平，以免用力时扳手滑出伤人；2．不能在扳手尾端加接套管，以防损坏扳手；3．不能用钢锤敲击扳手，扳手在冲击载荷下极易变形或损坏	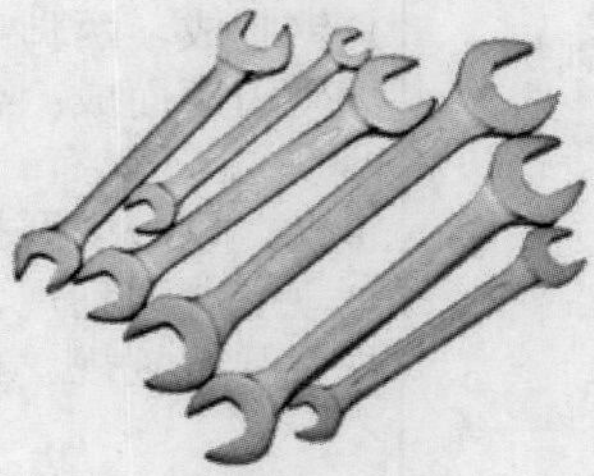 图 2.20　呆扳手
	内六角扳手也叫艾伦扳手，用于装拆内六角螺钉。常用于某些机电产品、机械和家具的拆装，如图 2.21 所示。常用规格（mm）：1.5、2、2.5、3、4、5、6、8、10、12、14、17、19、22、27	内六角扳手可以用来拧深孔中的螺丝，使用时让内六角螺丝与扳手之间六个面都接触，防止受力不均匀，使扳手的棱面变圆，影响其使用寿命；扳手的直径和长度决定了它的扭转力，不可加接套筒；扳手的两端都可以使用	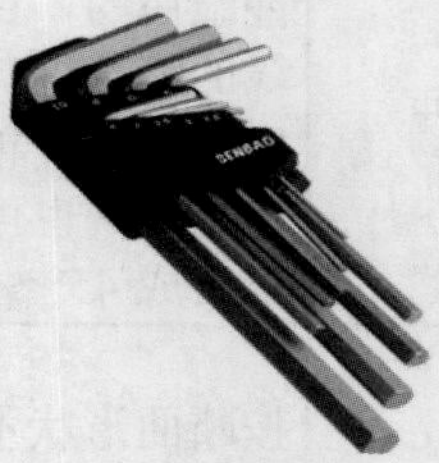 图 2.21　内六角扳手
	圆螺母扳手又称钩扳手，用来锁紧或松开各种结构的圆螺母，如图 2.22 所示	根据圆螺母的外形尺寸大小选择合适的扳手	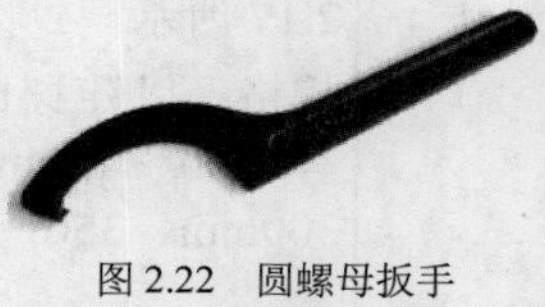 图 2.22　圆螺母扳手

	套筒扳手：是由多个带六角孔或十二角孔的套筒并配有手柄、接杆等多种附件组成，特别适用于拧转位置十分狭小或凹陷很深处的螺栓或螺母，如图 2.23 所示	套筒扳手是由一套尺寸不等的梅花筒组成，使用时手柄连续转动，工作效率较高	 \n图 2.23　套筒扳手
螺钉旋具	螺钉旋具又称改锥，是拧紧或者松开头部位为一字槽或十字槽螺钉的工具，如图 2.24 所示	使用时螺钉旋具垂直于螺钉头部	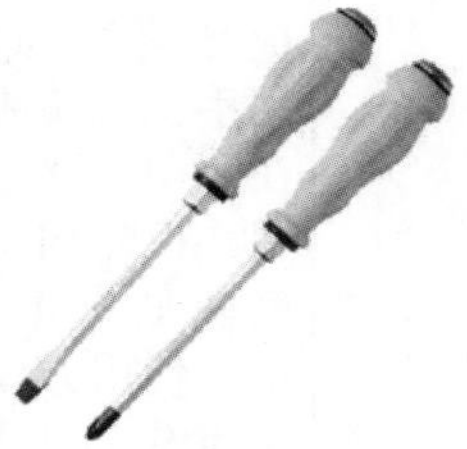 \n图 2.24　螺钉旋具
剪刀	剪刀是剪断布、纸、钢板、绳、圆钢、铜皮等片状或线状物体的双刃工具，两刃交错，可以开合，如图 2.25 所示		 \n图 2.25　剪刀
辐条扳手	辐条扳手又称钢丝扳手，用扳手调节辐条的松紧来调整使轮子转动在同一个平面上，如图 2.26 所示	使用方法：\n1. 将辐条卡入辐条扳手的卡槽内；\n2. 顺时针旋转辐条扳手，带动辐条帽旋转可以拉紧辐条，使车圈向拉紧方向偏移；\n3. 逆时针旋转辐条扳手，带动辐条帽旋转可以放松辐条，使车圈向放松方向偏移	 \n图 2.26　辐条扳手
丝锥	丝锥是一种加工内螺纹的刀具，如图 2.27 所示，可以分为手用丝锥和机用丝锥；丝锥是制造业操作者加工螺纹的最主要工具	使用方法：\n1. 攻丝时，先插入头锥使丝锥中心线与钻孔中心线一致；\n2. 两手均匀地旋转并略加压力使丝锥进刀，进刀后不必再加压力；\n3. 每转动丝锥一次反转约 45°以割断切屑，以免阻塞；\n4. 如果丝锥旋转困难时不可增加旋转力，否则丝锥会折断	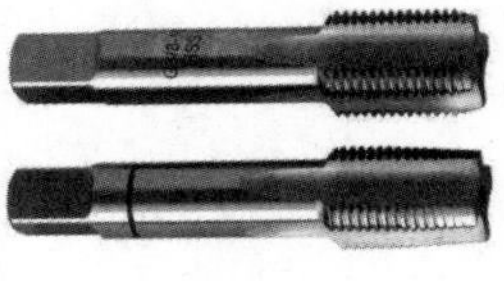 \n图 2.27　丝锥
铰杠	丝锥铰杠是一根横杠，中间有可调四方孔，孔径和相应规格丝锥尾端配套，可以双手操作，套丝扣的专用工具，如图 2.28 所示。铰杠分为普通铰杠和丁字铰杠；普通铰杠又分为固定式和可调式两种	使用方法：\n1. 使用时两手握住铰杠，用力均匀平稳，不得左右摇摆；\n2. 当丝锥攻入 1~2 圈后，如有歪斜，应及时纠正；\n3. 换用二锥、三锥时，应先用手将其旋入，再用铰杠攻丝；	 \n图 2.28　铰杠

		4．能用手直接旋动丝锥时，应停止使用铰杠	
板牙	加工或修正外螺纹的螺纹加工工具。板牙按外形和用途分为圆板牙、方板牙（四方板牙）、六方板牙（六角板牙）、管形板牙和管子板牙。其中以圆板牙应用最广，如图2.29所示 板牙可装在板牙扳手中用手工加工螺纹，也可装在板牙架中在机床上使用。板牙加工出的螺纹精度较低，但由于结构简单、使用方便，在单件、小批生产和修配中板牙仍得到广泛应用	使用时注意事项： 1．为了便于板牙切削部分切入工件并作正确的引导，在工件圆杆端部应有15°～20°的倒角； 2．板牙端面与圆杆轴线应保持垂直； 3．当板牙切入圆杆1～2圈时，应目测检查和校正板牙的位置。当板牙切入圆杆3～4圈时，应停止施加压力，让板牙依靠螺纹自然引进，以免损坏螺纹和板牙； 4．在套螺纹过程中应经常倒转半圈，以防切屑过长； 5．套螺纹过程中应适当加注切削液	 图2.29　圆板牙
板牙扳手	是安装和固定板牙的工具，用于套螺纹，如图2.30所示	使用方法： 1．在开始起套螺纹时，用一只手掌按住圆板牙中心，沿圆杆轴线施加压力，并转动板牙扳手，另一只手配合顺向切进，转动要慢，压力要大； 2．套螺纹时，板牙扳手受力均匀、平稳，并经常检查垂直情况，及时纠正	 图2.30　板牙扳手
手锤	用于零件的敲击，它主要由手柄和锤头组成，如图2.31所示		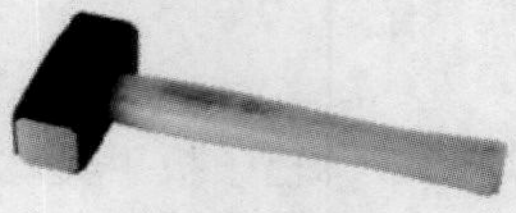 图2.31　手锤
橡胶锤	橡胶锤是一种用橡胶制成的锤子，如图2.32所示	敲击时可防止工件变形	 图2.32　橡胶锤
零件盒	零件盒又称元件盒，适用于存放拆卸下来的各种零件，如图2.33所示		 图2.33　零件盒

子学习情境 2.2 常用量具的使用

情境导入

常用量具的使用工作任务单

情　　境	常用工量具的使用					
学习任务	子学习情境 2.2：常用量具的使用				完成时间	
任务完成	学习小组		组长		成员	
任务要求	掌握：1. 常用量具的工作原理； 　　　2. 常用量具的识读； 　　　3. 常用量具的维护和保养					
任务载体和资讯	量具是在生产加工中测量各种工件的尺寸、形状和位置的工具，在机械安装和调试中需要使用量具对工件的尺寸、形状和位置进行检测，如图 2.34 所示 <p align="center">图 2.34　量具</p>				要求：根据任务载体要求，能熟练选择测量工具，并使用量具对工件进行测量 资讯： 1. 量具的类型、名称、规格标记； 2. 量具的使用方法； 3. 量具的维护和保养	
资料查询情况						
完成任务注意点	1. 正确识别量具； 2. 熟练使用量具并正确读数； 3. 使用中注意安全，严禁打闹					

任务描述

学习目标	学习内容	任务准备
1. 掌握量具的工作原理并正确读数 2. 能对量具进行维护和保养 3. 培养学生课程标准教学目标中的方法能力、社会能力；达成素质目标	1. 量具的工作原理 2. 量具的识读 3. 量具的维护和保养	前期准备：各种量具 知识准备：简单数学计算

 知识链接

2.2.1 量具的使用

名称	作用	原理及读数	图示
钢直尺	钢直尺是度量零件长、宽、高、深度和厚度等尺寸的量具，如图2.35所示 测量范围 150mm、300mm、500mm、1000mm等规格 钢直尺的最小刻度为0.5mm	1．在使用钢直尺测量工件时要注意钢尺的零线是否与工件边缘相重合； 2．测量时应将拇指贴靠在工件上； 3．在读数时，视线必须跟钢直尺的尺面相垂直，否则会因视线歪斜引起读数误差	图2.35　钢直尺
游标卡尺	游标卡尺作为一种被广泛使用的高精度测量工具，它是由主尺和游标尺两部分构成。按刻度值来分，游标卡尺又分 0.1mm、0.05mm、0.02mm 三种，结构如图2.36所示 游标卡尺可用来测量小型工件的长度、宽度、厚度、外径、内径、深度等尺寸	游标卡尺的读数方法 以刻度值 0.02mm 的精密游标卡尺为例，读数方法，可分三步： 1．根据副尺零线以左的主尺上的最近刻度读出整毫米数； 2．根据副尺零线以右与主尺上的刻度对准的刻线数乘上0.02 读出小数； 3．将上面整数和小数两部分加起来，即为总尺寸 如图2.37所示，副尺0线所对主尺前面的刻度64mm，副尺0线后的第9条线与主尺的一条刻线对齐。副尺0 线后的第9条线表示： 0.02×9= 0.18mm 所以被测工件的尺寸为： 64+0.18=64.18mm	图2.36　两用游标卡尺结构 图2.37　读数图
深度游标卡尺	主要用于测量零件沟槽深度、台阶高度。常用的精度为 0.1mm、0.05mm、0.02mm，测量范围为 0～150mm、0～250mm、0～500mm，如图2.38所示	深度游标卡尺读数方法与游标卡尺相同 使用深度游标卡尺的测量时基准面和尺身测量面应垂直于被测表面并贴合紧密，不得歪斜，否则会造成测量结果不准	图2.38　深度游标卡尺结构

高度游标卡尺	高度游标卡尺简称高度尺,是属于游标卡尺的一种测量工具,主要是用来测量物件的高度和用于精确划线等。常用的精度为0.1mm、0.05mm、0.02mm,测量范围为0～300mm、0～500mm、0～1000mm,如图2.39所示	高度尺与游标卡尺读数一样可在主尺(整数部分)和游标(小数部分)上读出	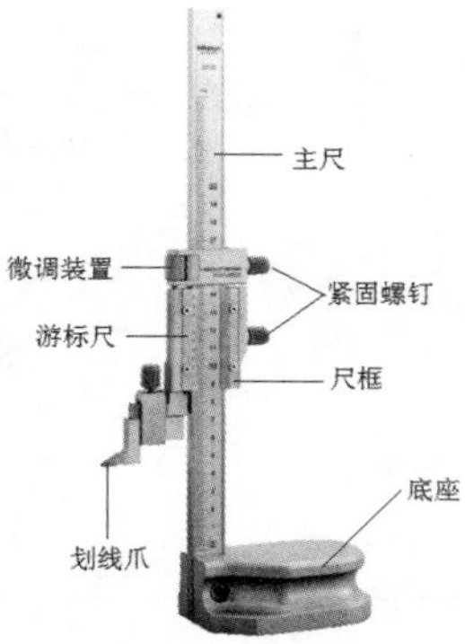 图2.39 高度游标卡尺结构
塞尺(厚薄规)	用于检验两表面间缝隙大小的量具,如图2.40所示。由若干厚薄不一的钢制塞片组成,按其厚度的尺寸系列配套编组,一端用螺钉或铆钉把一组塞尺组合起来,外面用两块保护板保护塞片	用塞尺检验间隙时,如果用0.09mm厚的塞片能塞入缝隙,而用0.10mm厚的塞片无法塞入缝隙,则说明此间隙在0.09～0.10mm之间。塞尺可以单片使用,也可以几片重叠在一起使用	 图2.40 塞尺
百分表	面钟式百分表由大分度盘、大指针、测量杆、测头和小分度盘、小指针等组成,如图2.41所示	1. 工作原理 当测量杆做直线移动时,经过齿条、齿轮传动放大,转变为指针的转动,大分度盘表面上的分度值为0.01mm,测量范围为0～3mm,0～5mm和0～10mm 大分度盘的分度值为0.01mm,沿圆周共有100格。当大指针沿大分度盘转过一周时,小指针在小分度盘上转过1格,测头移动1mm,因此,小分度盘的分度值为1mm 2. 读数方法 先读小指针转过的刻度线(即毫米整数),再读大指针转过的刻度线(即小数部分),并乘以0.01,然后两者相加,即得到所测量的数值	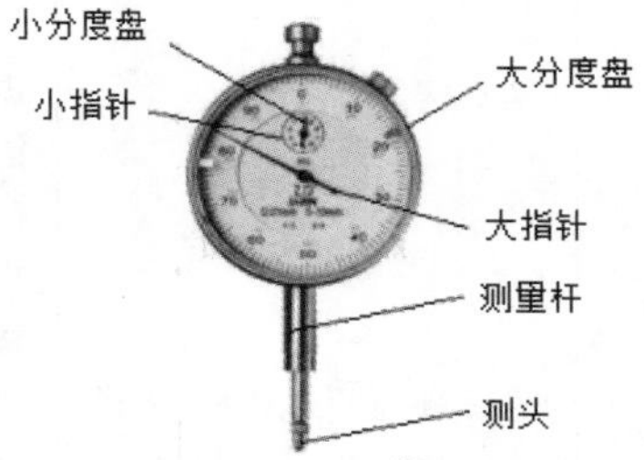 图2.41 面钟式百分表
杠杆式指示表按分度值不同可分为杠杆百分表和杠杆千分表。杠杆百分表的分度值为0.01mm;杠杆千分表的分度值有0.001mm和0.002mm两种;可用于测量工件几何形位公差以及对一些小孔、凹槽和孔距等百分表难以测量的尺寸进行测量,如图2.42所示		1. 工作原理 利用杠杆和齿轮传动原理,将测杆的位移转换为指针的角位移并读取数值的测量仪器 2. 安装 将夹持杆装在方便测量的燕尾槽上,转动测杆使测量线与测杆垂直;轻轻摆动杠杆表,使测头有一定的预压缩行程;将杠杆表固定可靠,转动杠杆表刻度盘,调整好零位	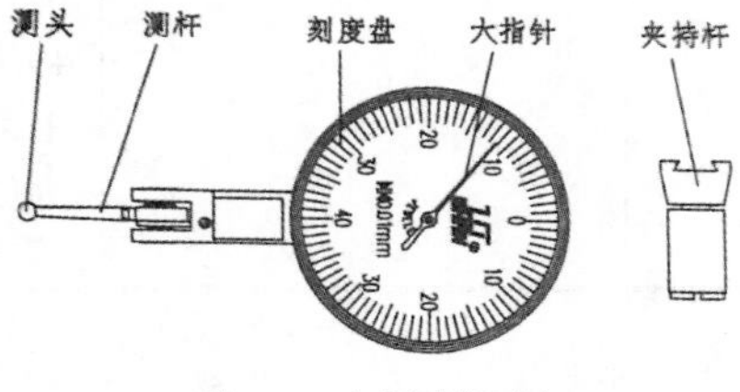 图2.42 杠杆式指示表

		3. 读数方法： 当大指针每转过一格所代表测量值为一个分度值；大指针沿大分度盘转过一周时，小指针在小分度盘上转过 1 格 先读小指针转过的刻度线（即整数），再读大指针转过的刻度线（即小数部分），并乘以分度值，然后两者相加，即得到所测量的数值	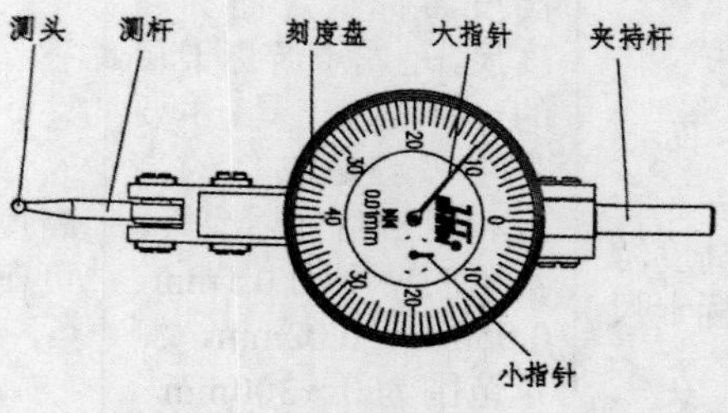 图 2.42　杠杆式指示表（续图）
	内径百分表用来测量孔径和孔的形状误差，对于深孔尤为方便。内径百分表的结构如图 2.43（b）所示	工作原理： 在测量头部有可换测头和活动测头，测量内孔时，孔壁使活动测头向左移动进而推动摆块，摆块使杆件向上，推动量杆（百分表触头），使百分表指针转动指出读数。测量完毕后，在弹簧作用下，量杆回到原位。更换可换触头，可改变内径百分表的测量范围 内径百分表的示值误差较大，在每次测量前必须用千分尺校对 使用方法如图 2.43（c）所示，测量时应放正 读数与百分表相同	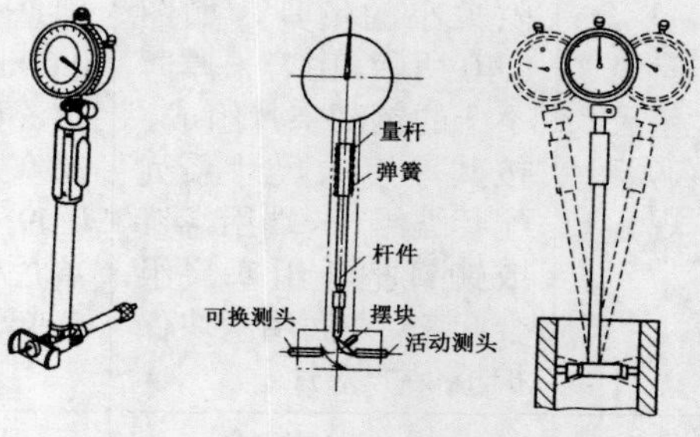 （a）外形　　（b）结构　　（c）读数方法 图 2.43　内径百分表
千分尺	螺旋测微仪又称外径千分尺，是比游标卡尺更精密的长度测量仪器，一种精密的测量量具，分度值是 0.01mm。它的量程是 0～25mm、25～50mm、50～75mm 等，如图2.44 所示	1. 工作原理 据螺旋运动原理，当可动刻度筒（又称微分筒）旋转一周时，微测螺杆前进或后退一个螺距0.5mm。这样，当微分筒旋转一个分度后，它转过了 1/50周，这时螺杆沿轴线移动了1/50×0.5＝0.01mm，因此，千分尺的精度值 0.01mm 2. 螺旋测微器的读数方法 1）先读主轴刻度基线的固定刻度 2）再读半刻度，若半刻度线已露出，记作 0.5mm；若半刻度线未露出，记作 0.0mm 3）再读可动刻度（注意估读），记作 n×0.01 4）最终读数结果为固定刻度+半刻度+可动刻度 例如图 2.45 中 7+0+37.4×0.01=7.374mm	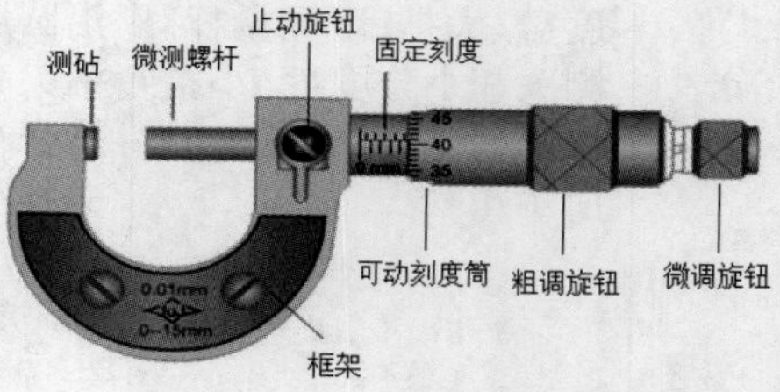 图 2.44　外径千分尺的结构图 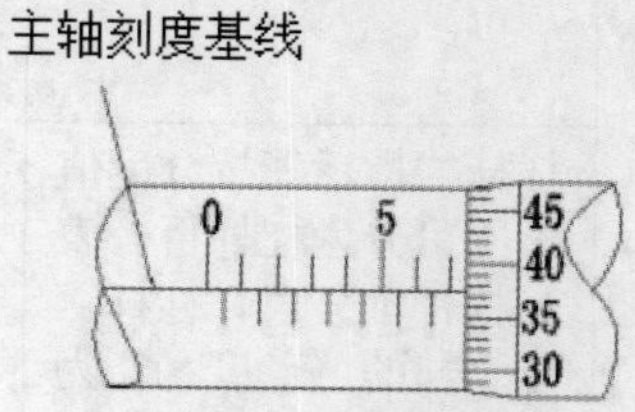 **主轴刻度基线** 图 2.45　外径千分尺的读数

内径千分尺	内径千分尺适用于机械加工中测量工件的内孔直径、槽宽及两端面距离等尺寸。内径千分尺可分为普通式（如图 2.46 所示）和杆式（如图 2.47 所示）两种	普通内径千分尺适用于孔径小于 40mm 的尺寸测量。它的刻线方向与外径千分尺相反，当活动套筒顺时针转动时，测微螺杆带动量爪移动，测距越来越大。当孔径较大时，可选用杆式内径千分尺。它由尺头部分和接长杆部分构成，接长杆有多种规格，可根据被测工件孔的尺寸大小选用不同规格的接长杆，并装在尺头上，读数方法与外径千分尺相同	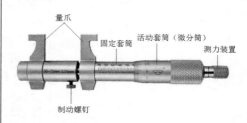 图 2.46　普通内径千分尺结构 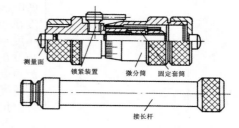 图 2.47　杆式内径千分尺结构
万能角度尺	万能角度尺是用来测量精密零件的内外角度或进行角度划线的角度量具，如图 2.48 所示	1．结构原理 万能角度尺的读数机构是由刻有基本角度刻线的尺座，和固定在扇形板上的游标组成。扇形板可在尺座上回转移动（有制动器），形成了和游标卡尺相似的游标读数机构。万能角度尺尺座上的刻度线每格 1°。由于游标上刻有 30 格，所占的总角度为 29°，因此，两者每格刻线的度数差是 $$1° - \frac{29°}{30} = \frac{1°}{30} = 2'$$ 即万能角度尺的精度为 2′ 2．读数方法 万能角度尺的读数方法和游标卡尺相同，先读出游标零线前的角度是几度，再从游标上读出角度"分"的数值，两者相加就是被测零件的角度数值 3．应用 在万能角度上，基尺是固定在尺座上的，角尺是用卡块固定在扇形板上，直尺是用卡块固定在角尺上。若把角尺拆下，也可把直尺固定在扇形板上。由于角尺和直尺可以移动和拆换，万能角度尺可以测量 0°～320° 的任何角度，如图 2.49 所示 （a）测量 0°～50° 外角度时，角尺和直尺全装上； （b）测量 50°～140° 的外角度时，仅装上直尺；	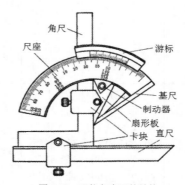 图 2.48　万能角度尺的结构 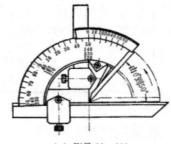 （a）测量 0°～50° 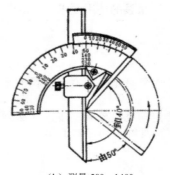 （b）测量 50°～140° 图 2.49　万能角度尺的应用

		（c）测量 140°～230° 的角度时，仅装上角尺； （d）测量 230°～320° 的角度（即可测量 40°～130° 的内角度），把角尺和直尺全拆下 万能量角尺的尺座上，基本角度的刻线只有 0°～90°，如果测量的零件角度大于 90°，则在读数时，应加上一个基数（90°、180°、270°）。当零件角度在 90°～180° 范围内，被测角度=90°+量角尺读数；被测角度在 180°～270° 范围内，被测角度=180°+量角尺读数；被测角度在 270°～320° 范围内，被测角度=270°+量角尺读数 4．注意事项 用万能角度尺测量零件角度时，应使基尺与零件角度的母线方向一致，且零件应与量角尺的两个测量面的全长接触良好，以免产生测量误差	 （c）测量 140°～230 （d）测量 230°～320° 图 2.49　万能角度尺的应用（续图）
90° 角尺	直角尺用于检测工件的垂直度及工件相对位置的垂直度。直角尺两边长短不一致，长而薄的一边叫尺苗，短而厚的一边叫尺座，如图 2.50 所示。通常用钢、铸铁或花岗岩制成。可分为：矩形直角尺、刀口型直角尺、铸铁直角尺、宽座直角尺等。有的直角尺尺苗上带有刻度	直角尺在使用时，将尺座一面靠紧工件基准面，尺苗向工件的另一面靠拢，观察尺苗与工件贴合处，采用透光法观察通过光线是否均匀来判断工件两相邻面是否垂直，或者用塞尺插入其缝隙处测量垂直度误差	 图 2.50　90° 角尺

2.2.2　量具的维护和保养

量具的使用要求	量具的维护保养
正确使用量具是保证产品质量的重要条件之一。量具除了正确使用外，必须要定期复检校验精度，还必须要做好量具维护和保养工作	1．精密量具不得测量毛坯件； 2．测量前应把量具和工件的测量面擦拭干净，以免因污物的存在影响测量精度； 3．用量具测量工件前，应校对量具的精度； 4．测量工具不得替代其他工具使用； 5．量具在使用过程中，不得与工具和刀具堆放在一起，以免碰伤量具； 6．不得把精密量具放在磁场附近，以免使量具感磁； 7．测量工件时避免高温下进行，影响测量精度，最好置于室温；

	8．精密量具在使用中出现不正常现象，如尺身弯曲、刻度不准、活动不灵活等现象，不得自行处理，应送计量站检修，检定精度后再继续使用；
	9．量具使用后，应擦拭干净，表面应涂上润滑油，放入专用盒内，平放，避免被压

学习情境 3　机械传动装置的装调

学习目标

- 了解各种传动机构的组成、结构、类型、性能、特点、应用；
- 熟悉各种传动机构的装配技术要求、装配要点；
- 掌握 V 带、同步齿形带的安装及带张紧力的控制方法；
- 掌握链传动的安装及张紧力控制方法；
- 掌握齿轮的装配以及啮合质量检验方法；
- 掌握涡轮蜗杆传动机构的装配以及啮合质量检验方法；
- 能对各种带传动、链传动机构进行安装和调整；
- 能对圆柱齿轮机构、圆锥齿轮机构的箱体进行质量检测、对齿轮的装配及啮合质量进行检验；
- 能对涡轮蜗杆的质量进行检测、对涡轮蜗杆的装配质量及啮合质量进行检测。

子学习情境 3.1　带传动的装调

情境导入

带传动的装调工作任务单

情　　境	机械传动装置装调				
学习任务	子学习情境 3.1：带传动的装调			完成时间	
任务完成	学习小组		组长	成员	
任务要求	掌握：1. V 带传动机构的装配技术要求； 　　　2. 带传动的装配； 　　　3. 同步齿形带的安装及知识				
任务载体和资讯	带传动系统的实物如图 3.1 所示，带传动是机械传动中的常见类型，它是依靠套在两带轮上的中间挠性件来传递运动和动力的传动装置 图 3.1　带传动系统			要求：根据任务载体要求能熟悉 V 带和同步带的安装及带张紧的控制方法 资讯： 1. V 带和同步带以及带轮的知识； 2. 常用工具和专用工具的使用方法	
资料查询情况					
完成任务注意点	1. 正确使用工量具； 2. 熟练安装带传动并调整带张紧； 3. 实训中注意安全，严禁打闹				

任务描述

学习目标	学习内容	任务准备
熟悉带传动机构的装配技术要求、装配要点； 1. 掌握 V 带、同步齿形带的安装及带张紧力的控制方法； 2. 培养学生能正确安装调试带传动机构的能力	1. 带传动的类型、特点 2. V 带传动机构的装配技术要求 3. V 带的张紧装置	前期准备：常用工具、V 带传动机构、同步带传动机构、机械装调设备

知识链接

3.1.1　带传动的类型

分类	名称	使用说明	图示
按传动原理分	摩擦带传动	靠传动带与带轮间的摩擦力实现传动，如 V 带传动、平带传动等，如图 3.2 所示	图 3.2　摩擦带传动
	啮合带传动	靠带内侧凸齿或孔与带轮外缘上的齿槽相啮合实现传动，如同步带传动、齿孔带传动，如图 3.3 所示	图 3.3　啮合带传动
按传动带的截面形状分	平带	平带的截面形状为矩形，内表面为工作面，常用的平带为橡胶帆布带，如图 3.4 所示。常用于中心距较大的带传动、高速传动和物料输送	图 3.4　平带
	V带（三角带）	V 带截面形状为等腰梯形，两侧面为工作表面，如图 3.5 所示。与平带相比，由于楔面摩擦，摩擦力大，故承载能力高，结构紧凑，应用广泛	图 3.5　V 带
	多楔带	多楔带是在平带基体上由多根 V 带组成的传动带，如图 3.6 所示。它具有平带的挠性和 V 带的摩擦力大的优点，适用于传递大功率、结构要求紧凑的场合，也可用于载荷变动较大或者有冲击载荷的传动	图 3.6　多楔带
	圆形带	圆形带横截面为圆形，用皮革或棉绳制成，如图 3.7 所示。只用于小功率传动，如仪表、缝纫机等场合	图 3.7　圆形带

齿形带（同步带传动）	带的工作面有齿，工作时带上的齿与带轮的齿槽啮合传动，传动比恒定，如图 3.8 所示。常用于数控机床、纺织机械、汽车发动机	图 3.8　齿形带
齿孔带传动	带的工作面上有孔，工作时带上的孔与带轮的齿相互啮合，以传动动力，保证两轮同步运动，如图 3.9 所示。常用于打孔机、录音机	图 3.9　齿孔带传动

3.1.2　带传动的特点

	特点
优点	1．适用于远距离传动，最大传送距离为 15m；
	2．能缓和冲击和吸收振动作用，故运行平稳、噪音小；
	3．过载时，带传动出现打滑现象，可以防止其他零件的损坏，对整机起到保护作用；
	4．带传动结构简单、制造成本低、安装维护较方便；
缺点	1．由于带传动间存在弹性滑动，传动比 i 不恒定，传动效率低；
	2．由于带与带轮的张紧力较大（与啮合传动相比），对轴上压力较大；
	3．结构尺寸较大、不紧凑；
	4．带与带轮间会产生摩擦放电现象，不适宜高温、易燃、易爆的场合

3.1.3　V 带传动机构的装配技术要求

装配部位	装配技术要求
1．控制带轮安装后的圆跳动量	带轮在轴上的安装精度要求为：带轮的径向圆跳动公差和端面圆跳动公差为 0.2～0.4mm
2．两带轮的相对位置要求	安装后两带轮轮槽的中间平面与带轮轴线垂直度误差小于 1°，两带轮轴线应相互平行，相应轮槽的中间平面应重合，其误差不超过±20′，否则带易脱落或加快带侧面的磨损
3．带轮轮槽表面要求	带轮轮槽表面的表面粗糙度要适当，一般取 Ra 为 3.2μm。表面过于光滑，易使传动带打滑，过于粗糙则传动带工作时易发热而加剧磨损。轮槽的棱边要倒圆或倒钝
4．包角要适当	带在小带轮上的包角不能太小。当张紧力一定时，包角越大，带和带轮的接触面上所产生的摩擦力越大，传动能力越大。当水平装置的带传动，通常松边在上边，以增大包角。由于大带轮的包角大于小带轮的包角，打滑容易发生在小带轮上，故要求小带轮的包角大于等于 120°
5．带张紧力适当	若张紧力过大，会加快带的磨损，使带的寿命降低，轴和轴承上的载荷增大，轴承磨损加速；若张紧力不足，则传递载荷的能力降低，传动效率降低，并且会使小带轮急速发热，带的磨损加快。因此，带的张紧力要适当。安装 V 带时，应按规定的初拉力张紧。对于中等中心距的带传动，也可凭经验安装，带的张紧程度以大拇指能将带按下 15mm 为宜。新带使用前，最好预先拉紧一段时间后再使用
6．对带的运行速度要求	当带的速度 $v>5$m/s 时，应对带轮做静平衡试验；当 $v>25$m/s 时，应对带轮做动平衡试验

3.1.4　带传动的装配

1. 带传动装调工量具清单

序号	工具名称	数量	序号	工具名称	数量
1	木锤或者橡皮锤	1把/组	6	百分表及表座	1套/组
2	清洁布	若干	7	塞尺	1把/组
3	润滑油	若干	8	螺旋压入工具	1套/组
4	钢板尺	1把/组	9	三爪拉马	1套/组
5	套筒扳手	1套/组	10		

2. 带轮的装配方式

说明	装配方式	图示
带轮与轴的联接一般采用过渡配合 $\dfrac{H7}{k6}$，为传递较大的转矩，需要采用键或者轴端挡圈和紧固件进行定位	如图 3.10 所示： （a）图采用轴肩和轴端挡圈、紧固件配合实现轴向定位； （b）图是轴端采用圆锥面和轴端挡圈、紧固件配合实现轴向定位； （c）图采用轴筒和轴端挡圈、紧固件配合实现轴向定位； （d）图采用钩头楔键联接	 （a）　　（b）　　（c）　　（d） 图 3.10　带轮在轴上的装配方式

3. 带轮的安装

安装步骤	图示
1. 装配前应做好轴、键、键槽、带轮内的清洁工作，轴上涂上机油	
2. 带轮装入轴上常采用锤击法和压入法。锤击法主要用铜棒或木锤轻击带轮，不能直接锤击带轮的轮缘部位，特别是在已经装入机器内的轴上安装带轮时，锤击不仅会损伤轴径，还会损伤其他零件；压入法需要采用专用的螺旋工具，通过压板将带轮压入轴内，如图 3.11 所示	 图 3.11　螺旋压入工具
3. 安装后，检查带轮的端面跳动和径向跳动：一般要求端面跳动 δ_1 和径向跳动 δ_2 的公差控制在 0.2～0.4mm。较大的带轮可用划针盘来检测，较小的带轮可用百分表来检测，如图 3.12 所示	

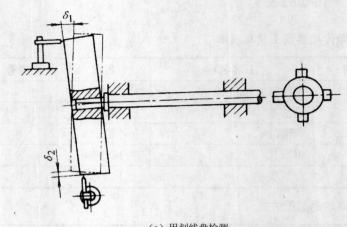

（a）用划线盘检测

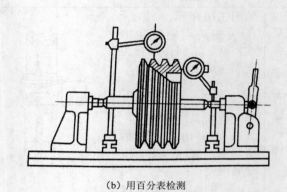

（b）用百分表检测

图 3.12　带轮的端面跳动和径向跳动的检测

4．两带轮安装后检查两带轮的相互位置误差：两带轮轮槽的中间平面与带轮轴线垂直度误差为±30′；两带轮轴线应相互平行，相应轮槽的中间平面应重合，其误差为±20′。根据两带轮中心距，中心距大的可用拉线法，中心距小的可用钢直尺测量，钢直尺与带轮间的间隙用塞尺直接测量，其目的是控制带轮的安装位置误差，如图 3.13 所示。安装时带轮的中心距要正确，一般可以通过检查调整带的松紧程度来补偿中心距误差

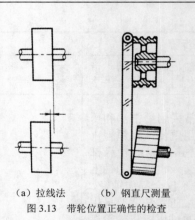

（a）拉线法　　　（b）钢直尺测量

图 3.13　带轮位置正确性的检查

4．带的安装

安装步骤	图示							
1．首先正确选择带的型号，如图 3.14 所示；其次将两带轮的中心距调小，将带套入小带轮上，再将 V 带用旋具拨入大带轮槽中（安装时，不宜用力过大，以防损坏带轮；也不可用带有锋利刃口的金属工具硬性将带拨入带轮，以免损伤带）	型别	Y	Z	A	B	C	D	E
	节宽 b_x/mm	5.3	8.5	11	14	19	27	32
	顶宽 b/mm	6	10	13	17	22	32	38
	高度 h/mm	4	6	8	11	14	19	25
	单位长度质量 q/(kg/m)	0.04	0.06	0.1	0.17	0.3	0.62	0.90
	图 3.14　带的七种型号							

2. 检查带在带轮中的位置是否正确。装好的 V 带平面不应与带轮槽底部接触，也不能凸在轮槽外，如图 3.15 所示

正确　　　　　错误　　　　　错误

图 3.15　带在带轮中的位置

3. 张紧力的检测。如图 3.16 所示，在带与带轮的公切线上中点处垂直于带施加载荷 F，通过测量产生的挠度 y 来确定张紧力的大小。在规定的测量载荷范围内，产生的挠度为：

$$y = \frac{1.6}{100}l$$

式中 y 为计算的挠度值；l 为带两切点的距离

实际测得的挠度若大于计算挠度值，说明张紧力过小；反之，说明张紧力过大

测量载荷 F 的大小与小带轮直径、V 带型号、带速有关，具体可查表 3.1 选取

也可根据经验来判断带的张紧力，用大拇指按压带紧边的中间位置，能按下 15mm 为宜

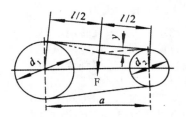

图 3.16　张紧力的检测

4. 装好带传动的防护罩

为了避免 V 带接触酸、碱、油等腐蚀性物质，防止日光曝晒，使 V 带老化，延长带的使用寿命，V 带传动应安装防护装置

表 3.1　测定张紧力所需载荷 F　　　　　　　　　　　　（N）

带型		小带轮直径 d_1/mm	带速 v/m·s^{-1}		
			0～10	10～20	20～30
普通 V 带	Z	50～100	5～7	4.2～6	3.5～5.5
		>100	>7～10	>6～8.5	>5.5～7
	A	75～140	9.5～14	8～12	6.5～10
		>140	>14～21	>12～18	>10～15
	B	125～200	18.5～28	15～22	12.5～18
		>200	>28～42	>22～33	>18～27
	C	200～400	36～54	30～45	25～38
		>400	>54～85	>45～70	>38～56
	D	355～600	74～108	62～94	50～75
		>600	>108～162	>94～140	>75～108
	E	500～800	145～217	124～186	100～150
		>800	>217～325	>186～280	>150～225
窄 V 带	SPZ	67～95	9.5～14	8～13	6.5～11
		>95	>14～21	>13～19	>11～18
	SPA	100～140	18～26	15～21	12～18
		>140	>26～38	>21～32	>18～27
	SPB	160～265	30～45	26～40	22～34
		>265	>45～58	>40～52	>34～37
	SPC	224～355	58～82	48～72	40～64
		>355	>82～106	>72～96	>64～90

5. V带传动的张紧

张紧方法		具体过程	图示	注意
调节中心距张紧	定期张紧	图 3.17（a）中松开固定电动机的螺栓，旋转调整螺栓，使电动机沿滑轨移动，调整带的张紧力，调整后，将电动机的螺栓拧紧即可。该方法适用于水平或者接近水平的传动机构 图 3.17（b）中旋转电动机下方调整螺杆，使电动机绕轴转动，将带轮调到合适的位置，调整带的张紧力后，拧紧调整螺母，即可固定电动机机座位置。该方法适用于垂直或者接近垂直的传动机构	 （a） （b） 图 3.17 定期张紧	由于带工作一段时间后，会由于塑性变形使带伸长产生松弛现象，使带与带轮间的张紧力减小，带的工作能力也随之降低，故应经常检查带的松紧程度及时张紧
	自动张紧	将装有带轮的电动机安装在浮动的摆架上，利用电动机的自重，使带轮绕摆动轴摆动，以自动保持张紧力，如图 3.18 所示	 图 3.18 自动张紧	
用张紧轮进行张紧		主要用于中心距固定传动场合。图 3.19（a）中张紧轮一般放在松边的内侧，使带只受单向弯曲，同时张紧轮还应尽量靠近大轮，以免过分影响带在小轮上的包角。张紧轮的轮槽尺寸与带轮的相同，且直径小于小带轮的直径。图 3.19（b）中张紧轮装于松边外侧，靠近小轮，以增大包角	 （a）（b） 图 3.19 张紧轮进行张紧	

6. 带轮的拆卸

拆卸步骤	图示	注意
1. 用套筒扳手拆下轴端挡圈的紧固螺钉 2. 用轴用挡圈钳拆下轴端挡圈 3. 用三爪拉马拆下带轮，如图 3.20 所示	 图 3.20 用三爪拉马拆卸带轮	在修理带传动装置时，必须把带轮从轴上拆下来，不能强拆，必须采用专用工具拆卸

3.1.5 同步带

结构	参数
同步带是通过带与带轮靠齿的啮合来传递运动和动力的。同步带一般采用细钢丝或玻璃纤维作为强力层，如图 3.21 所示，环形带外面包敷聚氯脂或者氯丁橡胶。同步带的工作面做成齿状，带轮的轮缘表面也是做成与带相同的齿状。一般用于温度 20℃～80℃，$v<50m/s$，$P<300kW$，$i<10$ 的场合	同步带的基本参数是节距 p 和模数 m。国际上有节距制和模数制两种标准。其中节距制的主要参数为带的齿节距，按节距大小不同，带有不同的型号和结构尺寸。强力层中线定为带的节线，节线周长为同步带的公称长度，如图 3.22 所示

图 3.21 同步带结构 |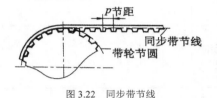

图 3.22 同步带节线 |

3.1.6 同步带轮

结构	张紧
同步带轮有无挡圈、单边挡圈、双边挡圈三种结构形式，如图 3.23 所示。如若两带轮中心距大于小带轮直径的 8 倍，则两带轮应有侧边挡圈。随中心距的增加，带从带轮上滑落的可能性也增加	由于同步带靠啮合力来传递运动和动力的，所以同步带传动的张紧力比带传动的要小。但若同步带的张紧力过小，带将被轮齿向外压出，致使齿的啮合位置不正确，易发生带的变形，从来而降低同步带的传递功率。若张紧力过大，同步带将在带轮上发生跳齿现象，易导致带与带轮的损坏，因此，保持适当的张紧力对同步带传动是重要的。同步带的张紧方法同 V 带一样

（a）无挡圈带轮　　（b）单边挡圈带轮　　（c）双边挡圈带轮
图 3.23 同步带轮的形式 | |

子学习情境 3.2 链传动的装调

链传动的装调工作任务单

情　　境	机械传动装置的装调				
学习任务	子学习情境 3.2：链传动的装调			完成时间	
任务完成	学习小组		组长	成员	
任务要求	掌握：1．链传动机构的装配技术要求； 　　　2．链传动的装配过程				
任务载体和资讯	链传动是由主动链轮、从动链轮和中间挠性件（链条）组成，如图 3.24 所示。以链条作为中间挠性件，通过链条上的链节与链轮轮齿的啮合来传递运动和动力			要求：根据任务载体要求熟悉链传动的安装及张紧的控制方法	

	资讯：
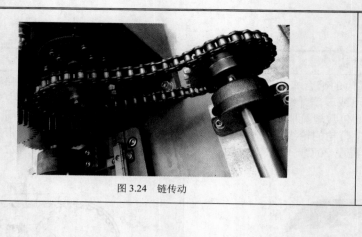图 3.24　链传动	1．链传动的知识 2．常用工具和专用工具的使用方法

资料查询情况	
完成任务注意点	1．正确使用工量具； 2．熟练安装链传动并调整链张紧； 3．实训中注意安全，严禁打闹

任务描述

学习目标	学习内容	任务准备
1．熟悉链传动机构的装配技术要求、装配要点 2．掌握链传动的安装及张紧力的控制方法 3．培养学生能正确安装调试链传动机构的能力	1．链传动的类型、特点 2．链传动机构的装配技术要求 3．链传动的张紧装置	前期准备：常用工具、链传动机构、机械装调设备

知识链接

3.2.1　传动链的类型

分类	特点	标记	图示
滚子链	滚子链运转平稳性差、噪音大、速度低，但结构简单、成本低，应用较广泛，如图 3.25 所示	标记：链号—排数×链节数　标准号 例：10A－1×86　GB/T1234.1997 表示节距 $P=15.875mm$，单排，86 节 A 系列滚子链。其中链节距 $P=$ 链号×25.4mm/16，链节距越大，承载能力越强，如图 3.26 所示 图 3.26　滚子链的链节距	图 3.25　滚子链

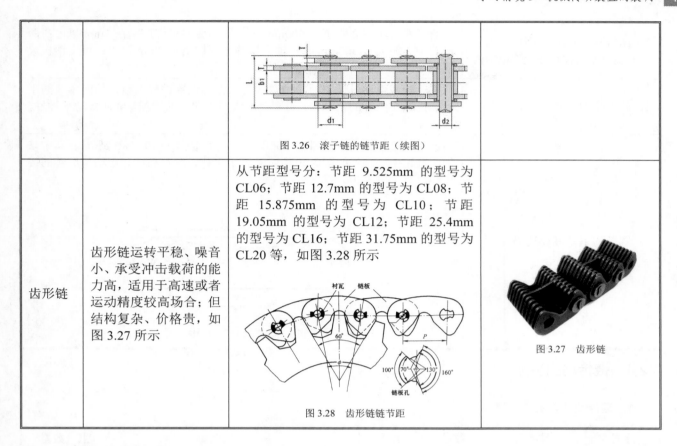

图 3.26 滚子链的链节距（续图）

| 齿形链 | 齿形链运转平稳、噪音小、承受冲击载荷的能力高，适用于高速或者运动精度较高场合；但结构复杂、价格贵，如图 3.27 所示 | 从节距型号分：节距 9.525mm 的型号为 CL06；节距 12.7mm 的型号为 CL08；节距 15.875mm 的型号为 CL10；节距 19.05mm 的型号为 CL12；节距 25.4mm 的型号为 CL16；节距 31.75mm 的型号为 CL20 等，如图 3.28 所示

图 3.28 齿形链链节距 | 图 3.27 齿形链 |

3.2.2 链传动的特点

	特点	应用
优点	1. 与带传动相比，链传动是啮合传动，可保证一定的平均传动比	适于两轴相距较远，工作条件恶劣等，如农业、建筑、石油、采矿、冶金、运输、起重、金属切削机床、摩托车、自行车、化工、纺织等机械中
	2. 张紧力小，对轴的压力小	
	3. 对工作环境要求较低，可在恶劣环境下工作如高温、油污、潮湿	
	4. 适用于平均传动比准确，中心距较大的两平行轴间	
缺点	1. 高速传动时，运动平稳性差	
	2. 工作时有噪音	

3.2.3 链传动的装配技术要求

装配技术要求	说明
1. 链轮与轴的配合必须符合设计要求	空套链轮应在轴上转动灵活
2. 链轮装配后允许跳动量见表 3.2	表 3.2 链轮允许跳动量 （单位：mm） 见下表

表 3.2 链轮允许跳动量 （单位：mm）

链轮直径 D	径向	端面
$D \leq 100$	0.25	0.3
$100 < D \leq 200$	0.5	0.5
$200 < D \leq 300$	0.75	0.8
$300 < D \leq 400$	1.0	1.0
$D > 400$	1.2	1.5

3．两链轮的中心平面应重合，轴向偏移量应控制在允许范围内	一般当两链轮中心距小于 500mm 时，轴向偏移量应控制在 1mm 以内；两链轮中心距大于 500mm 时，轴向偏移量应控制在 2mm 以内；可用钢板尺或钢丝检查
4．两链轮轴线必须平行	两链轮轴线可通过调整两轮轴两端支承件的位置进行调整，使两轴线的平行度控制在允许的范围内。否则会加剧链轮和链的磨损，降低传动平稳性，增加噪声
5．链条的下垂度要适当	当链传动是水平或者倾斜在 45°以内时，下垂度 $f \leqslant (0.2\% \sim 5\%)L$，其中 L 为两链轮中心距，如图 3.29 所示。对于重载、经常制动、起动、反转的链传动，下垂度 $f \leqslant 0.2\%L$ 图 3.29　链条的下垂度的检查

3.2.4　链传动的装配

1．链传动装调工量具清单

序号	工具名称	数量	序号	工具名称	数量
1	紫铜棒	1 把/组	5	百分表及表座	1 套/组
2	清洁布	若干	6	塞尺	1 把/组
3	润滑油	若干	7	套筒扳手	1 套/组
4	钢板尺	1 把/组	8	THMDZT-1A 型机械装调技术综合实训装置	1 套/组

2．链轮的装配方式

装配方式	图示
链轮在轴上的装配方法如图 3.30 所示，其中（a）利用键联接后，再用紧定螺钉固定实现周向和轴向定位；（b）利用圆锥销固定联接实现定位	（a）　　　　　（b） 图 3.30　链轮在轴上的装配方式

3．链条装配的联接方式

定义	联接方式	适用场合	图示
链条的长度以链节数表示。链节数的奇偶数决定链条的联接方式	开口销联接	适用于链节数为偶数的大节距链条。这样链条成环是正好外链板与内链板相接，如图 3.31 所示	图 3.31　开口销
	弹簧卡联接	适用于链节数为偶数的小节距链条。用弹簧卡将活动销轴固定时，必须使其开口端的方向与链的速度方向相反，以免在运转中受到碰撞而脱落，如图 3.32 所示	图 3.32　弹簧卡联接
	过渡链节联接	适用于链节数为奇数的链条。过渡链节的柔性较好，具有减振吸振作用，同时过渡链节承受附加的弯曲载荷，应尽量避免使用奇数链节，如图 3.33 所示	图 3.33　过渡链节联接
	链条两端的接合	当两轴的中心距可调节且两轮位于轴端时，链条可以预先接好，再装到链轮上。如果结构不允许，则必须先将链条套在链轮上，然后再进行连接，需要用拉紧专用工具，如图 3.34 所示。如无专用的拉紧工具，可考虑使用铁丝或尼龙绳在跨过接头处穿上，然后绞紧，将两头拉近即可穿上	（a）滚子链拉紧专用工具 （b）齿形链拉紧专用工具 图 3.34　链条拉紧工具

4．链传动的张紧

张紧必要性	张紧方法	具体过程	图示
为了避免链条在垂度过大时产生啮合不良、振动、链条和链轮磨损、链节断裂等问题，需进行张紧	调节中心距张紧	增大中心距使链张紧，对于滚子链传动，中心距可调整量为两倍的链节距	（a）（b）（c） 图 3.35　链轮张紧装置
	缩短链长	由于链传动磨损使链条变长，可去掉 1～2 个链节，使链缩短而张紧	
	采用张紧装置	主要用于中心距固定传动场合。图 3.35（a）中采用张紧轮张紧，张紧轮一般置于松边靠近小链轮外侧。图 3.35（b）、（c）采用压板或者托板张紧，适用于中心距较大的链传动	

5．链传动机构的拆卸

拆卸部位	拆卸过程
链轮的拆卸	先将紧定件（紧定螺钉、圆锥销）取下，再拆链轮
链条的拆卸	按接头联接方式不同进行拆卸。用开口销联接先取下开口销、外链板和销轴即可拆链条；用弹簧卡联接应先拆卸弹簧卡片，然后取下外链板和销轴即可；对于销轴采用铆合形式的，用小于销轴的冲头冲出即可

子学习情境 3.3　齿轮传动的装调

齿轮传动的装调工作任务单

情　境	机械传动装置装调					
学习任务	子学习情境 3.3：齿轮传动的装调			完成时间		
任务完成	学习小组		组长		成员	
任务要求	掌握：1．圆柱齿轮传动机构的装配技术要求； 　　　2．圆柱齿轮传动机构的装配与检验； 　　　3．圆锥齿轮传动机构的装配与检验					
任务载体和资讯	齿轮传动可以传递任意两轴间的运动和动力，是现代机械传动中应用作为广泛的运动形式。如图 3.36 所示为 THMDZT-1A 型机械装调技术综合实训装置中的齿轮传动 图 3.36　齿轮传动				要求：根据任务载体要求熟悉圆柱齿轮和圆锥齿轮的安装及检验方法 资讯： 1．圆柱齿轮和圆锥齿轮的相关知识； 2．常用工具和专用工具的使用方法； 3．圆柱齿轮和圆锥齿轮的安装步骤和检验方法	
资料查询情况						
完成任务注意点	1．正确使用工量具； 2．齿轮安装侧隙和接触斑点的检验； 3．齿轮箱的精度检测； 4．实训中注意安全，严禁打闹					

学习目标	学习内容	任务准备
1．熟悉齿轮传动机构的装配技术要求 2．掌握圆柱齿轮传动机构的装配与检验 3．掌握圆锥齿轮传动机构的装配与检验 4．培养学生能正确安装调试齿轮传动机构的能力	1．齿轮传动的类型、特点 2．齿轮传动机构的装配技术要求 3．圆柱齿轮和圆锥齿轮的装配过程及装配质量的检测	前期准备：常用工具、圆柱齿轮副、圆锥齿轮副、机械装调设备

3.3.1　齿轮传动的类型

分类	名称	使用说明	图示
按啮合方式分	外啮合		
	内啮合		
	齿轮齿条		
根据轴的相对位置分	平面齿轮传动（两轴平行）	外啮合齿轮传动,如图3.37(a)所示	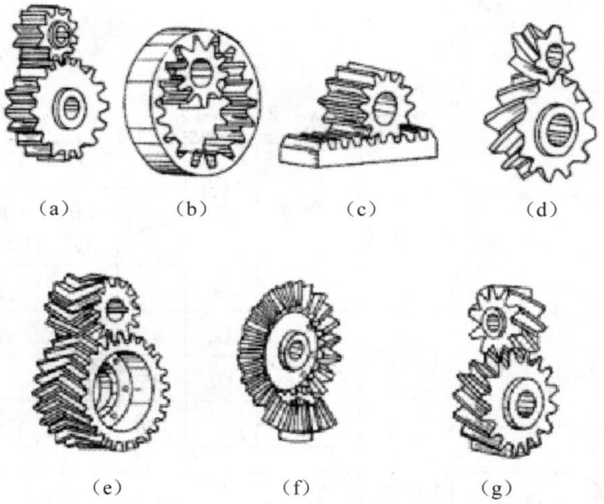
		内啮合齿轮传动, 如图 3.37(b) 所示	
		齿轮齿条传动, 如图 3.37 (c) 所示	
		斜齿轮传动, 如图 3.37 (d) 所示	
		人字齿轮传动, 如图 3.37 (e) 所示	
	空间齿轮传动（两轴不平行）	锥齿轮传动, 如图 3.37 (f) 所示,用于传动两轴轴交角为90°的传动	
		交错轴斜齿轮传动,如图3.37(g) 所示,用于传动两轴轴交角不等于90°的传动	

（图示：齿轮传动 (a)(b)(c)(d)(e)(f)(g)）

图 3.37　齿轮传动

3.3.2　齿轮传动的特点

	特点
优点	1．能实现恒定的传动比, 传动准确可靠
	2．传递功率大、速度范围广、传动效率高
	3．结构紧凑、工作可靠、寿命长、体积
缺点	1．制造和安装精度要求高、成本高
	2．传动的噪声大, 传动平稳性较带传动差, 无过载保护
	3．不适宜用于中心距较大的传动

3.3.3　齿轮传动的装配技术要求

装配技术要求	说明
1．齿轮孔与轴的配合必须符合设计要求	1．定位齿轮安装后无偏心或者歪斜等现象 2．滑移齿轮安装后在滑移过程中不应产生阻滞现象或者咬死 3．空套齿轮在轴上不得有晃动现象
2．中心距和齿侧间隙要正确	齿轮副齿侧间隙简称侧隙, 是指齿轮副按规定的位置安装后, 其中一个齿轮固定, 另一个齿轮从工作齿面接触到非工作齿面接触所转过的齿宽中点节圆弧长, 如图3.38所示。侧隙过小, 齿轮传动不灵活, 热胀时会卡齿, 从而加剧齿面磨损;侧隙过大, 换向时空行程大, 易产生冲击和振动。侧隙的范围控制见表3.3

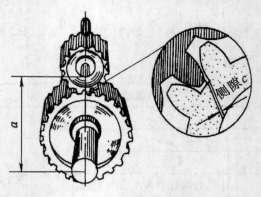

图 3.38 齿轮副侧隙示意图

表 3.3 侧隙的范围 （μm）

侧隙	结合形式	中心距/mm										
		≤50	>50～80	>80～120	>120～200	>200～320	>320～500	>500～800	>800～1250	>1250～2000	>2000～3150	>3150～5000
C_n	D	0	0	0	0	0	0	0	0	0	0	0
	D_b	42	52	65	85	105	130	170	210	260	360	420
	D_c	85	105	130	170	210	260	340	420	530	710	850
	D_e	170	210	260	340	420	530	670	850	106	1400	1700

3. 齿面接触精度要保证	相互啮合的两齿轮要有足够的接触面积和正确的接触部位
4. 进行必要的平衡试验	对于转速较高、直径较大的齿轮，在轴上装配后应做平衡试验
5. 保证齿轮定位	轴上固定齿轮应有轴向和周向定位；滑移齿轮在轴上滑移时应有准确的定位，其错位量不得超过规定值，在轴上滑移时无阻滞和咬死现象出现
6. 密封性要求	对于闭式齿轮传动，要求密封严密，不得有泄露现象，箱体结合面的间隙不得大于0.1mm，或者涂以密封胶密封
7. 跑合试车	齿轮传动组装完毕后，通常要进行跑合试车

3.3.4 圆柱齿轮传动机构的装配

1. 圆柱齿轮传动装调工量具清单

序号	工具名称	数量	序号	工具名称	数量
1	紫铜棒	1 把/组	9	百分表及表座	1 套/组
2	清洁布	若干	10	塞尺	1 把/组
3	润滑油	若干	11	钢板尺	1 把/组
4	螺旋压入工具	1 套/组	12	游标卡尺	1 把/组
5	套筒扳手	1 套/组	13	高度游标卡尺	1 把/组
6	红丹粉	若干	14	齿轮径向跳动测量仪	1 套
7	等高块	4 块/组	15	千分尺	1 把/组
8	心棒	若干			

2. 齿轮的装配方式

装配方式	图示
如图 3.39 所示： （a）图采用轴肩、半圆键和轴端挡圈、紧固件配合实现轴向和周向定位； （b）图采用轴肩、滑键和轴端挡圈、紧固件配合实现轴向和周向定位； （c）图采用法兰螺栓联接实现轴向和周向定位； （d）图采用圆锥轴头、半圆键和轴端挡圈、紧固件配合实现轴向和周向定位； （e）图为带固定铆钉的压配； （f）图为花键联接	（a）　　（b）　　（c） （d）　　（e）　　（f） 图 3.39　齿轮在轴上的装配方式

3. 齿轮的安装

安装步骤	齿轮装配要求
1. 装配前应做好装配齿轮轴头部位圆柱表面、键、槽齿轮内孔的清洁工作，并涂上机油	在轴上空转或滑移的齿轮，与轴的配合为间隙配合，装配后的精度主要取决于零件本身的加工精度。这类齿轮的装配比较方便，装配后，齿轮在轴上不得有晃动现象
2. 装配前检查齿轮表面毛刺是否清除干净，倒角是否良好，测量齿轮内孔与轴的配合是否适当，键与键槽的配合是否适当	在轴上固定的齿轮，通常与轴为过渡配合或少量过盈的配合，装配时需加一定外力。若装配的过盈量较小，可用铜棒或锤子轻轻敲击压装；过盈量较大时，可用螺旋压入工具或在压力机上压装。在装配过程中要避免齿轮歪斜、端面不到位和产生形变等装配误差。也可将齿轮加热后进行热套或热装。装配前应检验箱体的主要部件是否达到规定的技术要求

3. 齿轮精度检验：对于精度要求高的齿轮进行压装后，检查齿轮的端面跳动和径向跳动误差，可用图 3.40 所示的齿轮径向跳动测量仪进行检测

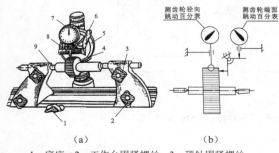

1—底座；2—工作台固紧螺丝；3—顶针固紧螺丝；
4—被测齿轮；5—升降螺母；6—指示表抬起手柄；
7—指示表；8—测量头；9—中心顶针
图 3.40　齿轮径向跳动测量仪

齿圈径向跳动 F_r 是指在齿轮一转范围内，测头在齿槽内或齿轮上，于齿高中部双面接触，测头相对于齿轮轴心线的最大变动量。它主要是由齿轮加工中毛坯安装的几何偏心和齿轮机床工作台的跳动或插齿刀的偏心等引起的。这种误差将使齿轮传动一周范围内传动比发生变化。齿圈径向跳动公差值见表 3.4

表 3.4　齿圈径向跳动公差（F_r）值　　（μm）

分度圆直径 mm	法向模数 mm	精度等级					
		5	6	7	8	9	10
≥125	1～3.5	16	25	36	45	71	100
	>3.5～6.3	18	28	40	50	80	125
	>6.3～10	20	32	45	56	90	140
125～400	1～3.5	22	36	50	63	80	112
	>3.5～6.3	25	40	56	71	100	140
	>6.3～10	28	45	63	80	112	160
	>10～16	32	50	71	90	125	180

测量步骤：

1）查阅仪器附件盒表格，根据被测齿轮模数的不同选择合适的球形测量头；

2）擦净测头并把它装在指示表量杆的下端；

3）把擦净的被测齿轮装在仪器的中心顶尖上，安装后齿轮不应有轴向窜动，借助升降螺母 5 与抬起手柄 6 调整指示表，使指示表有一到二圈的压缩量；

4）依次顺序测量各个齿面，并把指示表的读数记下；

5）处理测量结果并判断合格性。

$$\Delta F_r = r_{max} - r_{min}$$

合格条件：$\Delta F_r \leq F_r$ 为合格

齿圈径向跳动公差（F_r）值参照表 3.4 所示

	1～3.5	28	45	63	80	100	125
400～800	>3.5～6.3	32	50	71	90	112	140
	>6.3～10	36	56	80	100	125	160
	>10～16	40	63	90	112	160	200
	1～3.5	32	50	71	90	112	140
800～1600	>3.5～6.3	36	56	80	100	125	160
	>6.3～10	40	63	90	112	140	180
	>10～16	45	71	100	125	160	200

为配合不同模数的齿轮测量，仪器备有大小不同可换的球形测量头，此外仪器还备有两支杠杆。外接触杠杆成直角三角形，用于测量端面及伞齿轮；内接触杠杆成直角形，用于测量内孔的跳动及内齿轮的跳动

4. 齿轮轴部件和齿轮箱的装配

1）箱体孔距的检验：一对啮合的齿轮其安装中心距是影响侧隙的主要因素，应使孔距在规定的公差范围内。孔距的检验可以再计算，也可以采用插入心棒量取尺寸后再计算。

如图 3.41（a）所示用游标卡尺或千分尺直接量孔边距 L_1 和 L_2 和孔径尺寸 d_1 及 d_2 测得的实际尺寸，再计算出实际的孔距尺寸 a

$$a = L_1 + \left(\frac{d_1}{2} + \frac{d_2}{2}\right) \text{ 或 } a = L_2 - \left(\frac{d_1}{2} + \frac{d_2}{2}\right)$$

如图 3.40（b）所示为用心棒和游标卡尺或千分尺测得 M_1 和 M_2、d_1 及 d_2 的实际尺寸，再计算出实际的孔距尺寸 a

$$a = \frac{M_1 + M_2}{2} - \frac{d_1 + d_2}{2}$$

2）孔系（轴系）平行度误差的检验：如图 3.41（b）所示方法还可用于测量齿轮安装孔轴线的平行度误差。用外径千分尺分别测量心棒两端的尺寸 M_1 和 M_2，其差值 $(M_1 - M_2)$ 就是两轴孔轴线在所测长度内的平行度误差。

3）轴线与基面的尺寸精度和平行度误差的检验：如图 3.42 所示，箱体基面用等高垫块 支撑在平板上，将心棒插入孔中。用高度游标卡尺测量（或在平板上用量块和百分表相对测量）心棒两端尺寸 h_1 和 h_2，则轴线与基面的距离 h 为：

$$h = \frac{h_1 + h_2}{2} - \frac{d}{2} - a$$

则平行度误差为 $\Delta = h_1 - h_2$

4）孔中心线同轴度误差的检查：可用专用心棒、专用检验套或百分表配合使用检验。

图3.43（a）（b）所示检验方法适用于成批生产中，相同直径孔系和不同直径孔系用专用检验心棒检验的方法。若心棒能自由地推入几个孔或检验套中，表明孔的同轴度误差在规定范围内。图 3.43（c）所示为用检验心棒及百分表检验。在两孔中装

齿轮轴部件在齿轮箱中的位置，是影响齿轮啮合质量的关键，齿轮箱体的尺寸精度、形状和位置精度必须保证，孔与孔间的平行度和同轴度、中心距等是主要影响齿轮啮合质量的因素。装配前应检验箱体的主要部件是否达到规定的技术要求。检验内容有：箱体孔距的检验；孔和平面的表面粗糙度及外观质量；孔和平面的相互位置精度

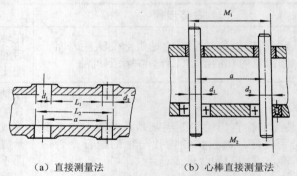

（a）直接测量法　　　（b）心棒直接测量法

图 3.41　箱体孔距检验

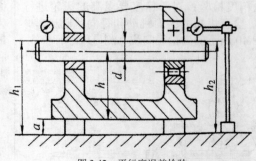

图 3.42　平行度误差检验

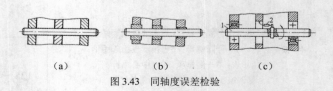

（a）　　　　　（b）　　　　　（c）

图 3.43　同轴度误差检验

入专用套，将心棒 1 插入套中，再将百分表 2 固定在心棒上，转动心棒即可测出同轴度误差值。

5）孔中心线与端面垂直度误差的检验：图 3.44 中（a）为将带有检验圆盘的心棒插入孔中，用涂色法或塞尺可检验轴线与孔端面的垂直度误差 Δ；图（b）为用百分表和心棒检验。心棒转动一周，百分表指示的最大值与最小值之差，即为端面对轴心线的垂直度误差

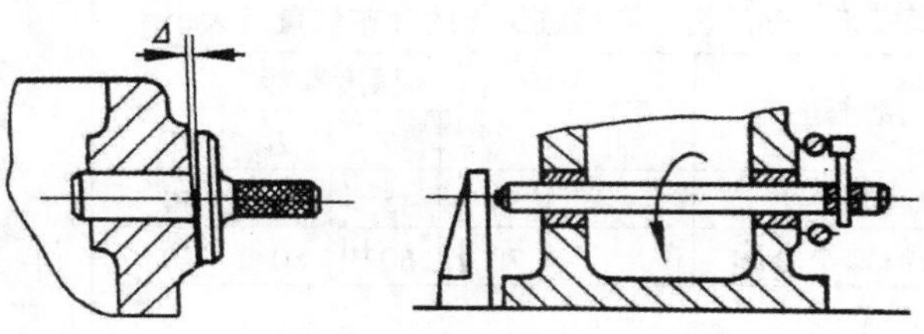

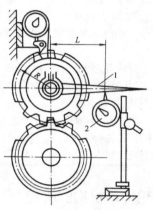

(a)　　　　　　　　(b)

图 3.44　垂直度误差检验

5．装配质量检验

（1）侧隙的检测。

1）压熔断丝检验法是测量侧隙最直观、简单的方法，如图 3.45 所示。在齿面沿齿宽两端平行放置两条熔断丝（直径不宜大于最小侧隙的 4 倍；若宽齿轮可放 3～4 条）。熔断丝经齿轮滚动挤压扁后，测量熔断丝最薄处的厚度，即为齿轮副的侧隙

齿轮轴部件装入箱体后，必须检验其装配质量，以保证齿轮间有良好的啮合精度。装配质量包括侧隙的检测和接触精度的检测

图 3.45　熔断丝检验侧隙

2）百分表检验法：适用于小模数齿轮副侧隙的方法，如图 3.46 所示。测量时，将一个齿轮固定，在另一个齿轮上装夹紧杆，然后倒序转动与百分表测量头相接触的齿轮，得到表针摆动的读数 C。则齿轮啮合的侧隙为：

$$C_n = C \frac{R}{L}$$

上式中 C 为右边百分表的读数；R 为装夹紧杆齿轮分度圆半径（mm）；L 为测量点的中心距（mm）。若是图中上面的百分表，则其读数即为侧隙。圆柱齿轮的侧隙是由齿轮的公法线长度偏差及中心距来保证，对于中心距可调整的齿轮传动，可通过调整中心距来改变啮合时的齿轮侧隙

（2）接触精度的检测。

接触精度可通过涂色法检验齿轮的接触斑点来表示。将红丹粉均匀地涂到主动齿轮齿面上，转动主动齿轮并使从动齿轮轻微制动，以取得齿面接触斑点。双向工作的齿轮正反方向都应进行检查

齿轮上接触斑点的分布位置和大小取决于齿轮精度等级，精度不同（一般齿轮传动的精度等级为 9～6 级），其接触面积大小和分布位置见表 3.5 根据接触斑点的分布位置和大小可以判断装配时产生误差的原因，具体情况见表 3.6

1—夹紧杆；2—百分表

图 3.46　百分表检测侧隙

表 3.6　直齿圆柱齿轮接触斑点及调整方法

接触斑点	原因分析	调整方法
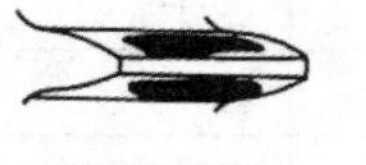 正常接触	正确啮合	
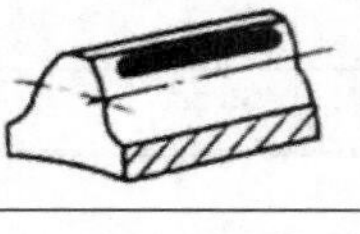	中心距偏大	可在中心距公差范围内刮削轴瓦或调整轴承座
	中心距偏小	
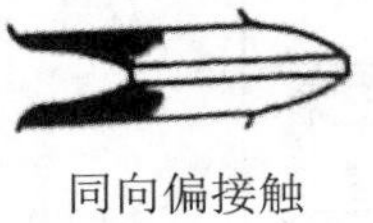 同向偏接触	两齿轮轴线不平行	在公差范围内调整两齿轮轴线平行度
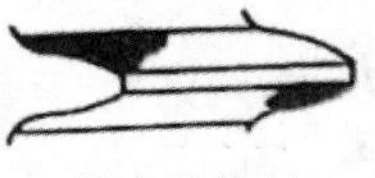 异向偏接触	两齿轮轴线歪斜	可在中心距公差范围内刮削轴瓦或调整轴承座
 单向偏接触	两齿轮轴线不平行并且同时歪斜	可在中心距公差范围内刮削轴瓦或调整轴承座

表 3.5　一般齿轮副接触斑点的分布位置及大小					
接触斑点	单位	精度等级			
		6	7	8	9
按齿高不小于	%	50	45	40	30
按齿长不小于	%	70	60	50	40

游离接触在整个齿圈上接触区由一边逐渐移至另一边	齿轮端面与回转轴线不垂直	检查并校正齿轮端面与回转轴线垂直度误差
不规则接触	齿面有毛刺或有碰伤隆起	去除毛刺、修整
接触较好，但不规则	齿圈径向跳动太大	检查并消除齿圈径向跳动误差

6．齿轮传动机构装配后的跑合：

跑合可以消除加工或热处理后的变形，能进一步提高齿轮的接触度并减少噪声。因此，对于高速转、重载荷的齿轮转动副，跑合就显得更为重要。

跑合方法有：

1）加载跑合：在齿轮副的输出轴上加一力矩，使齿轮接触表面相互磨合（需要时加磨料）。用这种方法跑合需要时间较长

2）电火花跑合：在接触区域内通过脉冲放电，把先接触的部分金属去掉，以后使接触面积扩大，达到要求的接触精度

无论是用哪一种方法跑合，跑合合格后，应将箱进行彻底清洗，以防磨料、铁屑等杂质残留在轴承等处。对于个别齿轮传动副，若跑合时间太长，还需进一步重新调整间隙

3.3.5　圆锥齿轮传动机构的装配

1．圆锥齿轮传动装调工量具清单

序号	工具名称	数量	序号	工具名称	数量
1	紫铜棒	1 把/组	7	百分表及表座	1 套/组
2	清洁布	若干	8	塞尺	1 把/组
3	润滑油	若干	9	直角尺	1 把/组
4	千斤顶	1 台/组	10	量块	1 套
5	红丹粉	若干	11	测量心棒	1 把/组
6	心棒	若干			

2．锥齿轮的安装

安装步骤	图示
1．装配前准备工作与圆柱齿轮相同	
2．锥齿轮装配在轴上的方法和检验过程与圆柱齿轮相同	
3．齿轮轴部件和齿轮箱的装配 圆锥齿轮两轴线在锥顶相交，且轴交角为90°。锥齿轮的装配关键是确定锥齿轮的两轴夹角、轴向位置和装配质量的检测 （1）确定锥齿轮两轴夹角 通过检验箱体两安装孔轴线的垂直度误差，确定锥齿轮两轴夹角	1，2—心棒 图 3.47　轴线垂直度误差检验

1）锥齿轮两轴共面垂直相交：

箱体两安装孔的轴线垂直度误差可按图 3.47 所示的方法检验。将百分表装在心棒 2 上，心棒上外加定位套以防心棒轴向窜动。旋转心棒 2，用百分表在心棒 1 两个位置（跨长为 L）检测出读数差，即为两孔在 L 长度内的垂直度误差

若是成批检验两安装孔的轴交角，可用如图 3.48 所示的装置。将心棒 2 的测量端做成叉形槽，心棒 1 的测量端按垂直度公差做成两个阶梯形，即通端和止端。检验时，若通端能通过叉形槽而止端不能通过，则垂直度合格，否则即为超差

2）两锥齿轮轴异面垂直交错的两孔箱体两安装孔轴线的垂直度误差可按图 3.49 所示的方法检验

箱体用 3 个千斤顶 4 支承在平板上，用 90°角尺 3 在互成 90°的两个方位上找正，调整千斤顶使检验心棒 2 成垂直位置。此时，测量心棒 1 对平板的平行度误差，即为两孔轴线的垂直度误差。

（2）确定两锥齿轮轴向位置

一对正确啮合的锥齿轮两分度圆锥相切、锥顶重合装配时，先确定小齿轮的轴向位置：以"安装距离"l_1（小齿轮基准面 A 至大齿轮轴的距离，见图 3.50）来确定，若小齿轮轴与大齿轮轴异面垂直交错，则小齿轮的轴向定位仍以"安装距离"l_2为依据。用专用量规测量，见图 3.50（b）。若大齿轮尚未装好，那么可用 T 型芯轴代替，然后按侧隙要求决定大齿轮的轴向位置

若以圆锥齿轮的背锥面作为基准，如图 3.51 所示。装配时使背锥面平齐，可通过调整垫片 1 的厚度，使齿轮 2 沿其轴向移动，直到两锥齿轮的假想锥体顶点重合为止，最后将齿轮位置固定

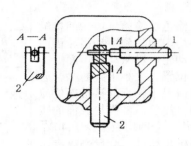

1，2—心棒

图 3.48　成批检测垂直度误差装置

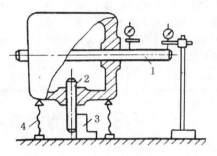

1，2—心棒；3—直角尺；4—千斤顶

图 3.49　同轴度误差检验

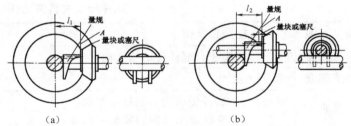

（a）　　　　（b）

图 3.50　锥齿轮轴向定位

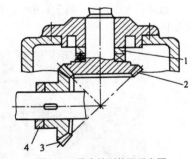

图 3.51　锥齿轮副装配示意图

4．装配质量检验

（1）侧隙的检测

齿轮侧隙检测采用压熔断丝法，与圆柱齿轮相同。也可采用百分表检验，如图 3.52 所示。测定时，锥齿轮副按规定位置装好，固定其中一个齿轮，测量非工作齿面间的最短距离（以齿长中点处计量），即为法向侧隙值。圆锥齿轮传动的侧隙要求见表 3.7

图 3.52　百分表检测锥齿轮侧隙

（2）接触精度的检测

接触精度可通过涂色法检验锥齿轮的接触斑点。将红丹粉均匀地涂到主动齿轮齿面上，来回转动主动轮，以从动轮齿面上的斑点痕迹形状、位置、大小来判断啮合质量。在无载荷的情况下轮齿的接触部位应靠近轮齿的小端。涂色后，齿轮表面的接触面积在齿高和齿长方向均应不少于40%。工作载荷较大的锥齿轮副，其接触斑点应满足以下要求：轻载荷时，斑点应略偏向小端；重载荷时，斑点应从小端移向大端，且斑点长度和高度均增大，以免大端应力集中。如果接触斑点不符合上述要求，可参照图 3.53 所示分析原因（图中箭头方向即为调整方向）进行调整

表 3.7　圆锥齿轮的侧隙　（μm）

精度等级	模数	侧隙		精度等级	模数	侧隙	
		最小	最大			最小	最大
8	<8	250	750	9	<10	300	1100
	8～10	250	850		10～16	400	1200
	>10	300	900		>16	500	1400

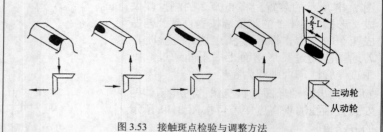

图 3.53　接触斑点检验与调整方法

子学习情境 3.4　蜗杆传动的装调

 情境导入

蜗杆传动的装调工作任务单

情　　境	机械传动装置装调			
学习任务	子学习情境 3.4 蜗杆传动的装调		完成时间	
任务完成	学习小组	组长	成员	
任务要求	掌握：1. 蜗杆传动的装配技术要求； 　　　2. 蜗杆传动机构的装配与检验			
任务载体和资讯	蜗杆传动由蜗杆和蜗轮组成，主要用于传递空间两交错轴的运动和动力，通常两轴的轴交角 $\sum = 90°$。蜗杆传动中蜗杆为主运动，一般作减速传动，如图 3.54 所示 图 3.54　蜗杆传动		要求：根据任务载体要求能从熟悉蜗杆传动的安装及检验方法 资讯： 1. 蜗杆传动的知识； 2. 常用工具和专用工具的使用方法； 3. 蜗杆传动安装步骤和检验方法	
资料查询情况				
完成任务注意点	1. 正确使用工量具； 2. 蜗轮蜗杆安装侧隙和接触斑点的检验； 3. 蜗杆箱的精度检测； 4. 实训中注意安全，严禁打闹			

学习目标	学习内容	任务准备
1. 熟悉蜗杆传动机构的装配技术要求 2. 掌握蜗杆传动机构的装配与检验 3. 培养学生能正确安装调试蜗杆传动机构的能力	1. 蜗杆传动的特点 2. 蜗杆传动机构的装配技术要求 3. 蜗轮蜗杆的装配过程及装配质量的检测	前期准备：常用工具、蜗杆蜗轮副、机械装调设备

3.4.1 蜗杆传动的类型

分类	名称	使用说明	图示
按蜗杆形状分	圆柱蜗杆传动，见图 3.55（a）		
	环面蜗杆传动，见图 3.55（b）	(a) (b) (c) 图 3.55 蜗杆传动类型	
	圆锥蜗杆传动，见图 3.55（c）		

3.4.2 蜗杆传动的特点

	特点
优点	1. 传动比大、结构紧凑：由于蜗杆的齿数很少，所以蜗杆传动的传动比可以很大，在动力传动中，一般 i_{12} 可达 500 以上
	2. 传动平稳，噪声小：蜗杆传动比齿轮传动平稳，没有冲击，噪声小
	3. 容易实现自锁：在蜗杆传动中，只能由蜗杆带动蜗轮转动，蜗杆传动具有自锁性。这一特性用于起重设备中，能起到安全保险的作用
	4. 承载能力大
缺点	1. 传动效率低：蜗杆传动时，摩擦损失较大，易发热，因此传动效率较低。一般蜗杆传动的效率 $\eta = 0.7\sim0.8$，具有自锁性的蜗杆传动，其效率 $\eta = 0.4\sim0.5$
	2. 为减小摩擦，蜗轮常采用青铜制造，因而成本较高
	3. 互换性差。蜗轮用蜗轮滚刀加工，与蜗轮相啮合的蜗杆必须具有与蜗轮滚刀完全相同的参数才能正确啮合，因此互换性差

3.4.3 蜗杆传动的装配技术要求

装配技术要求	说明						
1. 蜗杆轴线应与蜗轮轴线相互垂直，其轴交角允许偏差见表 3.8	表 3.8 蜗杆传动轴交角极限偏差　　（μm）						
	蜗轮齿长/mm	精度等级					
		3	4	5	6	7	8	9
	≤30	5	6	8	10	12	17	24
	>30~50	5.6	7.1	9	11	14	19	28
	>50~80	6.5	8	10	13	16	22	32
	>80~120	7.5	9	12	15	19	24	36

>120~180	9	11	14	17	22	28	42
>180~250	—	13	16	20	25	32	48
>250	—	—	—	22	28	36	53

2. 蜗杆轴线应在蜗轮轮齿的对称平面

蜗轮与蜗杆的中心距准确，其中心距允许偏差如表3.9所示

表3.9　蜗杆传动中心距极限偏差　　　　　　（μm）

中心距 a (mm)	精度等级											
	1	2	3	4	5	6	7	8	9	10	11	12
a≤30	3	5	7	11	17		26		42		65	
30<a≤50	3.5	6	8	13	20		31		50		80	
50<a≤90	4	7	10	15	23		37		60		90	
90<a≤120	5	8	11	18	27		44		70		110	
120<a≤180	6	9	13	20	32		50		80		125	
180<a≤250	7	10	15	23	36		58		92		145	
250<a≤315	8	12	16	26	40		65		105		160	
315<a≤400	9	13	18	28	45		70		115		180	
400<a≤500	10	14	20	32	50		78		125		200	
500<a≤630	11	15	22	35	55		87		140		220	
630<a≤800	13	18	25	40	62		100		160		250	
800<a≤1000	15	20	28	45	70		115		180		280	
1000<a≤1250	17	23	33	52	82		130		210		330	

3. 齿侧间隙要适当，按GB/T10089.1988中规定蜗杆传动的侧隙共分为八种：a、b、c、d、e、f、g、h。其中a最大，h最小为零。蜗轮与蜗杆的齿侧间隙一般为0.30~0.65mm，顶间隙应随蜗轮与蜗杆的位置而定：蜗杆在上，蜗轮在下，其齿顶间隙不得小于1mm；如蜗杆在下，蜗轮在上，其齿顶间隙不得小于轴瓦间隙。蜗杆与蜗轮的啮合间隙可按表3.10进行检查和调整

表3.10　蜗杆传动的啮合间隙　　　　　　（μm）

中心距 a	≤40	>40~80	>80~160	>160~320	>320~630	>630~1250	>1250
啮合间隙	0.055	0.095	1.03	0.19	0.26	0.38	0.53

接触斑点正确。蜗杆传动的接触斑点要求见表3.11

表3.11　蜗杆传动的接触斑点要求

精度等级	沿齿高不少于（%）	沿齿长不少于（%）	精度等级	沿齿高不少于（%）	沿齿长不少于（%）
7	60	65	9	30	35
8	50	50			

4. 装配后应转动灵活，无任何卡滞现象，并受力均匀

3.4.4 蜗杆传动机构的装配

1. 蜗杆传动装调工量具清单

序号	工具名称	数量	序号	工具名称	数量
1	紫铜棒	1把/组	9	百分表及表座	1套/组
2	清洁布	若干	10	量块	1套
3	润滑油	若干	11	游标卡尺	1把/组
4	螺旋压入工具	1套/组	12	高度游标卡尺	1把/组
5	套筒扳手	1套/组	13	千分尺	1把/组
6	红丹粉	若干	14	齿轮径向跳动测量仪	1套
7	等高块	4块/组	15	千斤顶、平板	1套/组
8	心棒	若干			

2. 蜗杆传动装置的安装

安装步骤		图示
1. 装配前需检验箱体的两孔轴线的中心距误差和垂直度误差	（1）检验箱体孔中心距 如图 3.56 所示，将检验心棒1和2插入箱孔中。用3个千斤顶将箱体支撑在平板上，调整千斤顶，使其中一个心棒与平板平行，再分别测量两心棒至平板的高度，可算出中心距： $$a = \left(H_1 - \dfrac{d_1}{2}\right) - \left(H_2 - \dfrac{d_2}{2}\right)$$	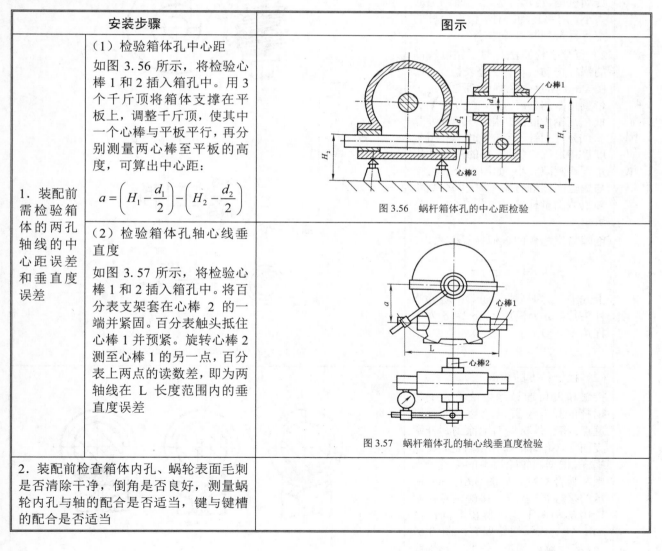 图 3.56 蜗杆箱体孔的中心距检验
	（2）检验箱体孔轴心线垂直度 如图 3.57 所示，将检验心棒1和2插入箱孔中。将百分表支架套在心棒 2 的一端并紧固。百分表触头抵住心棒1并预紧。旋转心棒2测至心棒1的另一点，百分表上两点的读数差，即为两轴线在 L 长度范围内的垂直度误差	图 3.57 蜗杆箱体孔的轴心线垂直度检验
2. 装配前检查箱体内孔、蜗轮表面毛刺是否清除干净，倒角是否良好，测量蜗轮内孔与轴的配合是否适当，键与键槽的配合是否适当		

3．蜗杆传动机构的装配

1）装配蜗轮：组合式蜗轮将蜗轮内圈 1 压装在轮毂 2 上并用紧定螺钉固定，如图 3.58 所示

2）将蜗轮装在轴上，其安装及检验方法与圆柱齿轮相同

3）将箱体清洗干净，把蜗轮轴装入箱体，然后把蜗杆装入箱体，蜗杆轴心线的位置有箱体安装孔所确定。蜗轮的轴向位置可通过改变轴承盖垫圈厚度或用其他方式调整；通过调整轴承盖垫圈的厚度控制蜗杆的轴向位置，使蜗杆轴线位于蜗轮轮齿的中间平面内

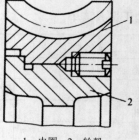

1—内圈；2—轮毂

图 3.58　组合式蜗轮

4．装配质量检验

（1）侧隙的检测：

1）经验法：蜗杆传动的侧隙如图 3.59 所示。对于不太重要的蜗杆传动机构，可用经验法判断侧隙的大小，用手转动蜗杆，根据蜗杆的空行程量判断侧隙大小

2）百分表检验法：对于精度较高的蜗杆传动机构，百分表检验，如图 3.60 所示。在蜗杆轴上固定一带量角器的刻度尺 2，百分表测头抵在蜗轮齿面上。用手转动蜗杆，在百分表指针不动的条件下，用刻度盘相对固定指针 1 的最大孔程角判断侧隙大小。如用百分表直接与蜗轮面接触有困难时，可在蜗轮轴上装测量杆 3，如图 3.60（b）所示

侧隙与空程角的近似换算关系为：

$$C_n = -\frac{Z_1 \pi m \alpha}{360}$$

上式中 C_n 为侧隙（mm）；Z_1 为蜗杆头数；m 为模数（mm）；α 为空程角度（°）

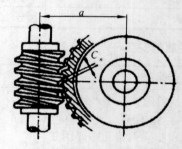

图 3.59　蜗杆传动的侧隙

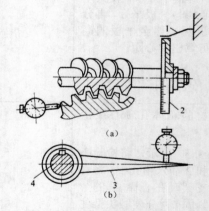

1—固定指针；2—刻度尺；3—测量杆；4—蜗轮轴

图 3.60　百分表检测蜗杆传动机构齿侧间隙

（2）接触精度的检测

接触精度可通过涂色法检验蜗轮蜗杆的相互位置以及啮合的接触斑点。将红丹粉均匀地涂到蜗杆螺旋面上，给蜗轮以轻微阻尼，转动蜗杆。根据蜗轮轮齿上的接触斑点判断啮合质量。如图 3.61（a）所示的接触正确位置，接触斑点在蜗轮中部稍偏于蜗杆旋出方向；图 3.61（b）表示蜗轮偏右，图 3.61（c）表示蜗轮偏左，说明蜗轮轴线位置不正确；应通过配磨垫片来调整蜗轮的轴向位置。接触斑点的长度，轻载时为齿宽的 25%～50%，

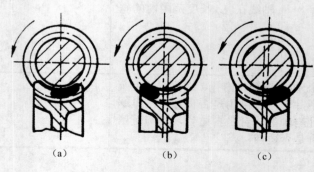

图 3.61　涂色法检验蜗轮齿面接触斑点

满载时为齿宽的 90% 左右, 若蜗轮、蜗杆传动在承受载荷时, 如接触不正确, 可按表 3.12 所示方法进行调整

表 3.12 蜗轮齿面接触斑点及调整方法

接触斑点	症状	原因	调整方法
	正常接触		
	左、右齿面对角接触	中心距大或蜗杆轴线歪斜	调整蜗杆座位置（缩小中心距） 调整或修改蜗杆基面
	中间接触	中心距小	调整蜗杆座位置（增大中心距）
	下端接触		调整蜗杆座位置（向上）
	上端接触		调整蜗杆座位置（向下）
	带状接触	蜗杆径向跳动误差大 加工误差大	调整蜗杆轴承（或刮轴瓦） 调整蜗轮或采取跑合
	齿顶接触	蜗杆与终加工刀具齿形不一致	1）调换蜗杆或蜗轮 2）重新加工（在中心距有充分条件的情况下）
	齿根接触	蜗杆与终加工刀具齿形不一致	1）调换蜗杆或蜗轮 2）重新加工（在中心距有充分条件的情况下）

（3）转动灵活性检查

装配蜗杆传动机构后, 还要检查它的转动灵活性, 要保证蜗轮在任何位置上, 用手轻而缓慢地均匀用力旋转蜗杆, 蜗杆传动没有咬住现象即可

学习情境 4　常用机构的装调

学习目标

- 熟练掌握平面连杆机构、轴承和联轴器的基本知识；
- 学会平面连杆机构、轴承和联轴器的装调知识；
- 培养学生获取、筛选信息和制定工作计划、方案及实施、检查和评价的能力；
- 培养学生独立分析、解决问题的能力。

子学习情境 4.1　平面连杆机构的装调

情境导入

平面连杆机构的装调工作任务单

情　　境	常用机构的装调				
学习任务	子学习情境 4.1：平面连杆机构装调			完成时间	
任务完成	学习小组		组长	成员	
任务要求	掌握：1. 平面连杆机构的基本知识；2. 平面连杆机构的装调				
任务载体和资讯	曲柄连杆机构由活塞连杆组件和曲轴飞轮组件组成，如图 4.1 所示  油环　　第一道气环 活塞　　第二道气环 活塞销　　连杆螺栓 卡环 连杆小头轴瓦　　飞轮 连杆　　转速传感器 连杆大头上轴瓦　　脉冲轮 主轴承上轴瓦 曲轴　　连杆大头下轴瓦 曲轴链轮　　连杆盖 连杆螺母 主轴承下轴瓦 带轮　　曲轴正时齿带轮　　止推片 图 4.1　曲柄连杆机构组成			要求：完成曲柄连杆机构的拆装与调整 资讯： 1. 平面连杆机构的基本知识； 2. 平面连杆机构的演变； 3. 曲轴的组成	
资料查询情况					
完成任务注意点	1. 活塞环的拆装，采用专用的活塞环装卸钳进行拆装； 2. 活塞环安装时不要调换，还应注意活塞环刻有"Top"记号的朝向活塞顶，第一道活塞环的开口应避开活塞销方向及垂直方向，其他活塞环开口应与第一道活塞环的开口错开 90°～180°				

任务描述

学习目标	学习内容	任务准备
1．掌握平面连杆机构的基本知识 2．掌握平面连杆机构的装调 3．培养学生课程标准教学目标中的方法能力、社会能力 4．达成素质目标	1．平面连杆机构的基本知识 2．平面连杆机构的演变	前期准备：活塞环拆装工具、油压机等 知识准备：平面连杆机构的基本概念、平面连杆机构的基本形式、平面连杆机构的演变、其他常见机构

知识链接

4.1.1　平面连杆机构的基本知识

平面连杆机构的概念	优点	缺点
平面连杆机构是由若干构件联接而成的平面机构，广泛应用于各种机械和仪器中，如图4.2所示 图 4.2　缝纫机脚踏驱动机构	1．平面连杆机构是面接触，传动时磨损较轻，承载能力较高； 2．构件结构简单，易于加工，工作可靠； 3．可实现多种运动形式，满足多种运动规律要求； 4．连杆可满足多种运动轨迹要求	1．由于运动副中存在间隙，机构不可避免地存在运动误差，精度不高； 2．主动件匀速运动时，从动件通常为变速运动，故存在惯性力，不适合用于高速运动环境

4.1.2　平面连杆机构的基本形式

平面连杆机构的基本形式		图示	应用
曲柄摇杆机构	四杆机构中，两连架杆中一个为曲柄，另一个为摇杆，如图4.3和图4.4所示	图 4.3　曲柄摇杆机构	图 4.4　干草搅拌机
双曲柄机构	四杆机构中，两连架杆都是曲柄，如图4.5至图4.7所示	图 4.5　双曲柄四杆机构　图 4.6　平行双曲柄四杆机构	图 4.7　车门开闭机构（反平行四边形机构）

双摇杆机构	四杆机构中，两连架杆都是摇杆，如图 4.8 和图 4.9 所示	 图 4.8 双摇杆机构	 图 4.9 鹤式起重机

4.1.3 平面连杆机构的演变

类型	演变过程	图示	应用
曲柄滑块机构（见图 4.10 至图 4.12）	 图 4.10 加入轨道	 图 4.11 曲柄滑块机构	 图 4.12 内燃机活塞连杆
偏心轮机构（见图 4.13 至图 4.15）	 图 4.13 扩大回转副	 图 4.14 偏心轮机构	 图 4.15 偏心轮压力机
导杆机构（见图 4.16 至图 4.18）	 图 4.16 合并为滑块	 图 4.17 导杆机构	 图 4.18 回转导杆式油泵
曲柄摇块机构（见图 4.19 至图 4.21）	 图 4.19 合并为滑块	 图 4.20 曲柄摇块机构	 图 4.21 液压泵机构
摇杆滑块机构（见图 4.22 至图 4.24）	 图 4.22 合并为滑块	 图 4.23 摇杆滑块机构	 图 4.24 移动导杆式抽水机

4.1.4　其他常见机构

类型	结构	图示	应用
棘轮机构	由棘轮、主动棘爪、止回棘爪和机架组成，如图 4.25 所示	 图 4.25　棘轮机构	牛头刨床的横向进给机构、计数器、起重机、绞盘等
槽轮机构	径向槽的槽轮、圆销、机架，如图 4.26 所示	 图 4.26　槽轮机构	用于转速不高和要求间歇转动的机械中，如自动机械、轻工机械或仪器仪表等
凸轮机构	凸轮、从动件、机架，如图 4.27 所示	 图 4.27　凸轮机构	轻工机械、冲压机械等高速机械中常用作高速、高精度的步进进给、分度转位等机构

4.1.5　曲柄连杆机构与组件的拆装

项目	方法	图示
活塞环的拆装	活塞环的拆装，采用专用的活塞环装卸钳进行拆装，如图 4.28 所示，活塞环有油环和气环之分，气环又有多种不同机构形式，如桑塔纳轿车发动机的第 1 道环是矩形环，第 2 道环是锥形环，第 4 道是油环（组合环），安装时不要调换，还应注意活塞环刻有"Top"记号的朝向活塞顶，第 1 道活塞环的开口应避开活塞销方向及垂直方向，其他活塞环开口应与第 1 道活塞环的开口错开 90°～180°	 图 4.28　活塞环的拆装

活塞环的检测	活塞环与活塞环槽之间的间隙称侧隙，一般轿车发动机在 0.02～0.05mm，可采用厚薄规按如图 4.29 所示方法测量	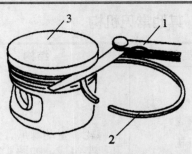 1—厚薄规；2—活塞环；4—活塞 图 4.29　活塞环侧间隙测量
	活塞环装入气缸后的开口距离称开口间隙，各道环不一样，一般轿车发动机第 1 道气环 0.40～0.45mm，第 2 道气环 0.25～0.40mm，油环 0.25～0.50mm。测量时应将活塞环放入气缸用厚薄规测量，如图 4.30 所示	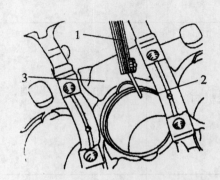 1—厚薄规；2—活塞环；4—气缸体 图 4.30　活塞环开口间隙测量
活塞销的拆装	1. 采用卡簧钳拆装活塞销卡环（见图 4.31）	 图 4.31　拆装活塞销卡环
	2. 在油压机上进行活塞销的拆装 如无油压机，也可以将活塞连杆组浸入 60℃的热水或机油中加热(见图 4.32(a))并用专用工具（见图 4.32 (b)(c)）进行拆装	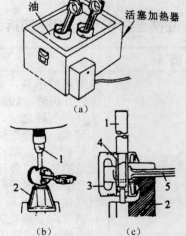 1—冲头；2—专用工具；3—活塞；4—活塞销；5—连杆 图 4.32　活塞销拆装

连杆的检测	连杆弯曲和扭曲检测	该项检测应在连杆校正器上进行（见图4.33）。检验时，首先将连杆大端的轴承盖装好，不装连杆瓦，并按规定的扭力将连杆螺栓拧紧，同时将心轴装入连杆小端衬套孔中。然后将连杆大端套装在连杆校正器支承轴 2 上，通过调整螺钉 1 使支承轴扩张将连杆固定在校验台上，连杆校正器的测量工具是一个有 V 型槽的量规 3。三点规上的三点构成的平面与 V 型槽的对称平面垂直。测量时，将三点规的 V 型槽靠在心轴上并推向检验平板 4。如三点规的三个点都与校验平板接触，说明连杆不变形。若上测点与平板接触，两个下测点不接触且与平板的间隙一致，或两个下测点与平板接触，而上测点不接触，表明连杆弯曲，可用厚薄规测出测点与平板之间的间隙，即为连杆在 100mm 长度上的弯曲量；若只有一个下测点与平板接触，另一下测点与平板不接触，且间隙为上测点与平板间隙的两倍，这时下测点与平板的间隙即为在连杆 100mm 长度上的扭曲度 一般要求连杆的弯曲度及扭曲度在 100mm 长度上不大于 0.04mm。若超过应进行校正	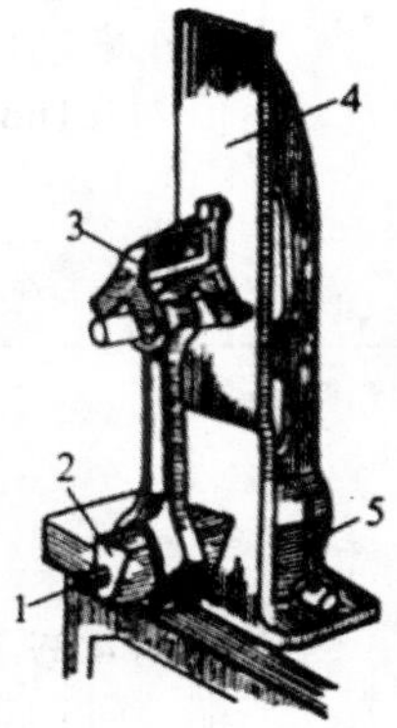 1—调整螺钉；2—菱形支撑轴；3—量规； 4—检验平板；5—锁紧支承轴扳杆 图 4.33　连杆校正器
	连杆铜套拆装	连杆铜套与连杆是过盈配合，可在油压机上采用专用工具进行拆装。一般轿车发动机的连杆铜套与活塞销配合间隙是 0.005～0.014mm，可用小型内径千分尺测量。连杆铜套磨损更换后，应用可调铰刀铰削新铜套（见图 4.34），使它与活塞销配合间隙合适，检验方法是用大拇指可将活塞销缓缓推入连杆铜套内为合适（见图4.35）	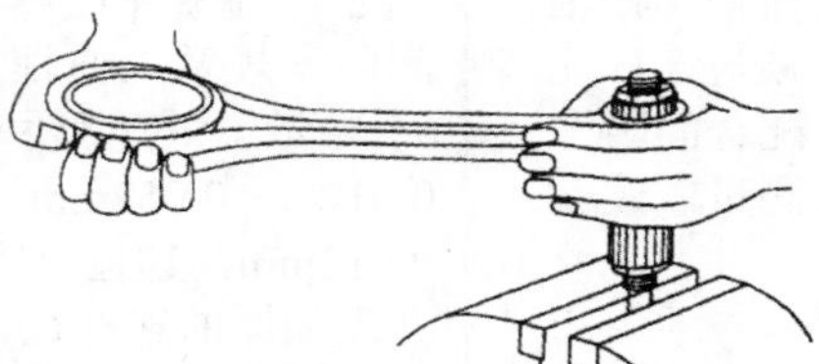 图 4.34　连杆铜套铰削 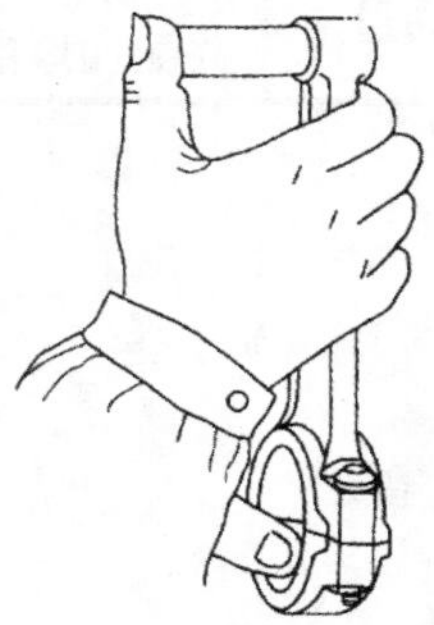 图 4.35　连杆铜套与活塞销配合检查
曲轴的检测	曲轴轴颈磨损量、圆度与圆柱度测量	采用千分尺分别测量每道曲轴的主轴颈与连杆轴颈的最大与最小尺寸，即可以计算出曲轴磨损量、圆度与圆柱度。一般要求曲轴圆度与圆柱度不大于 0.025mm，磨损量不大于 0.15mm，超过要求应进行磨修或更换	

曲轴主轴颈跳动测量	如图 4.36 所示，将曲轴支承于支架上，将百分表头置于待测量的曲轴轴颈上，转动曲轴，观察百分表跳动情况，一般轿车发动机标准值为 0.05mm，使用极限值为 0.1mm	1—百分表；2—曲轴；3—支架 图 4.36　曲轴主轴颈跳动测量
曲轴轴向间隙测量	如图 4.37 所示，将百分表头触及曲轴一端，轴向推动曲轴，观察百分表摆动情况，一般轿车发动机标准值为 0.07～0.24mm，使用极限值为 0.4mm，超过极限值应更换曲轴止推垫片	1—曲轴；2—百分表；3—机体 图 4.37　曲轴轴向间隙测量
曲轴连杆轴颈与连杆瓦配合间隙测量	可采用内径千分尺和外径千分尺分别测量连杆大端（已装配连杆瓦）内径和曲轴连杆轴颈外径得到，也可以采用塑料间隙塞规塞入曲轴连杆轴颈与连杆瓦之间测量。一般轿车发动机标准值为 0.012～0.052mm，使用极限值为 0.012mm，超过极限值应进行曲轴磨修，并配加厚的连杆瓦，如图 4.38 所示	1—千分尺；2—曲轴 图 4.38　曲轴测量
曲轴主轴颈与主轴瓦配合间隙测量	测量方法同上。一般轿车发动机标准值为 0.02～0.06mm，使用极限值为 0.15mm，超过极限值应进行曲轴磨修，并配加厚的主轴瓦	

子学习情境 4.2　轴承的装调

情境导入

轴承的装调工作任务单

情　　　境	常用机构的装调				
学习任务	子学习情境 4.2：轴承的装调			完成时间	
任务完成	学习小组		组长		成员
任务要求	掌握：1. 轴承的基本知识；2. 轴承的装调				
任务载体和资讯	图 4.39 为机械装调技术综合实训装置中的一个深沟球轴承和阶梯轴，完成它们的装配是掌握轴承装调方法的重要手段			要求： 1. 拆卸和安装轴承的方法得当，避免破坏性拆卸；	

	2．轴承预紧力适当
	资讯：
	1．轴承的概念和分类；
	2．轴承的拆卸和安装方法；
	3．滚动轴承间隙的调整方法

图 4.39　滚动轴承和轴

资料查询情况	
完成任务注意点	1．轴承的保持架、密封圈、防尘盖等零件容易变形，安装轴承时，不能在这些零件上加力； 2．选用安装和拆卸轴承工具时，应保证加于轴承套圈上的压力垂直于套圈端面，而且应该均匀平稳； 3．在安装时，要注意使轴和轴承孔的中心线重合，轴承相对轴倾斜不仅安装困难，而且会造成压痕，轴颈弯曲，甚至会使轴承内圈断裂

 **任务描述**

学习目标	学习内容	任务准备
1．掌握轴承的基本知识 2．掌握轴承的装调 3．培养学生课程标准教学目标中的方法能力、社会能力 4．达成素质目标	1．轴承的基本知识 2．轴承的安装和调整	前期准备：轴承装配套筒、铜棒、橡胶锤、润滑油、塞尺等 知识准备：轴承的分类和特点、滚动轴承的拆卸和安装、滚动轴承的调整

 **知识链接**

4.2.1　轴承的基本知识

轴承	概念	图示	优点	缺点
滑动轴承	滑动轴承是轴承的两大基本类型之一，是以轴瓦直接支承轴颈、承受载荷并保持轴的正常工作位置，如图 4.40 所示	图 4.40　滑动轴承	滑动轴承与滚动轴承相比,具有以下优点： 1．高速转动的滑动轴承，在保证液体润滑的条件下,可长时期高速运转； 2．滑动轴承结构简单，能保证很高的制造精度,可获得很高的运转精度； 3．滑动轴承径向尺寸小，可使机械的结构紧凑； 4．对于承受重载荷的大型轴承，滚动轴承制造较难，常采用滑动轴承； 5．受安装条件限制，需要采用剖分式轴承的情况下，只能采用滑动轴承；	滑动轴承有以下缺点： 1．在动压液体润滑条件下，当转速和载荷变化过大时，很难形成理想的承载油膜，致使工作状态不良； 2.必须保证轴颈与轴承间具有一定的间隙，轴承才能正常工作，当间隙不合适时会影响运转精度和轴—轴承配合副的寿命； 3．即使滑动轴承在液体润滑状态下工作，由于润滑油的滑动摩擦系数可达 0.08～0.12，故轴承的温升较高，润滑和维护较

				6. 滑动轴承的油膜具有较好的吸振能力，因此，滑动轴承适用于承受振动、冲击载荷的情况	为困难

滚动轴承	滚动轴承是轴承的另一大类，是依靠滚动体的滚动实现支承并承受负荷的支承元件，如图4.41所示	图4.41 滚动轴承	滚动轴承与滑动轴承相比，具有以下优点： 1. 滚动轴承的摩擦系数比滑动轴承小，传动效率高。一般，滑动轴承的摩擦系数为0.08～0.12，而滚动轴承的摩擦系数仅为0.001～0.005； 2. 滚动轴承已经实现标准化、系列化，便于大批量生产和供应，使用和维修也十分方便； 3. 滚动轴承用轴承钢制造，并经过热处理，因此，滚动轴承不仅具有较高的机械性能和较长的使用寿命，而且可以节省制造滑动轴承所用的价格较为昂贵的有色金属； 4. 滚动轴承内部间隙很小，各零件的加工精度较高，因此运转精度较高。同时，可以通过预加负荷的办法使轴承的刚性增加，这对精密机械是很重要的； 5. 某些滚动轴承可同时承受径向载荷和轴向载荷，因此可以简化轴承支座的结构； 6. 由于滚动轴承传动效率高，发热量少，因此可以减少润滑油的消耗，润滑维护较为省事； 7. 滚动轴承可以方便地应用于空间任何方位的轴上	滚动轴承也有一定的缺点，主要是： 1. 滚动轴承承受载荷的能力比同样体积的滑动轴承小得多，因此滚动轴承的径向尺寸大。所以，在承受大载荷的场合（如加轧钢机的轧辊轴承）和要求径向尺寸小、结构要求紧凑的场合（如内燃机曲轴轴承），多采用滑动轴承； 2. 滚动轴承振动和噪声较大，特别是在使用后期尤甚，因此，对精密度要求很高、又不许有振动的场合（如磨床主轴轴承），滚动轴承难于胜任，选用滑动轴承的效果更佳； 3. 滚动轴承对金属屑等异物特别敏感，轴承内一旦进去异物，就会迅速损坏，因此滚动轴承发生早期损坏的可能性很大。即使不发生早期损坏，滚动轴承的寿命也有一定的限度。总之，滚动轴承的寿命较滑动轴承短

4.2.2　轴承的分类

	分类			分类		
滑动轴承	不完全润滑轴承	径向轴承	滚动轴承	向心型	球轴承	
		止推轴承			滚子轴承	
		径向止推轴承		向心推力型	球轴承	
	动压轴承	径向轴承			滚子轴承	
		止推轴承				
		径向止推轴承		推力向心型及推力型	球轴承	
	静压轴承	液体静压轴承			滚子轴承	
		气体静压轴承	直线运动轴承	球循环型		
				滚子循环型		

4.2.3　滚动轴承的拆卸

类型	拆卸方法	图示
不可分离型轴承的拆卸	轴承与轴为紧配合，与座孔为较松配合时，可将轴承与轴一起从壳体中拆出，然后用压力机或其他拆卸工具将轴承从轴上拆下，如图 4.42 和图 4.43 所示	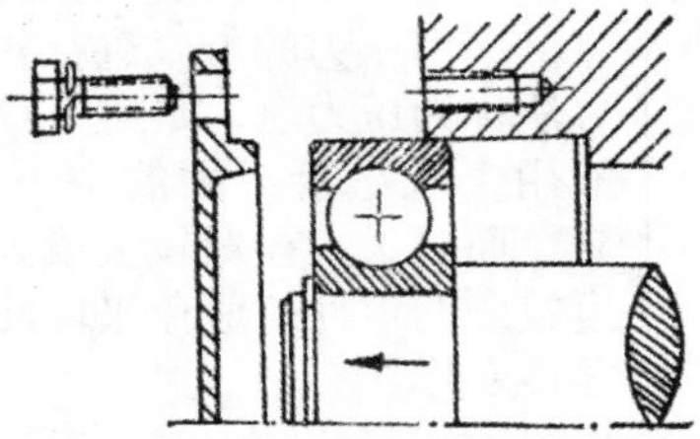 图 4.42　将轴连同轴承一起从壳体拆出 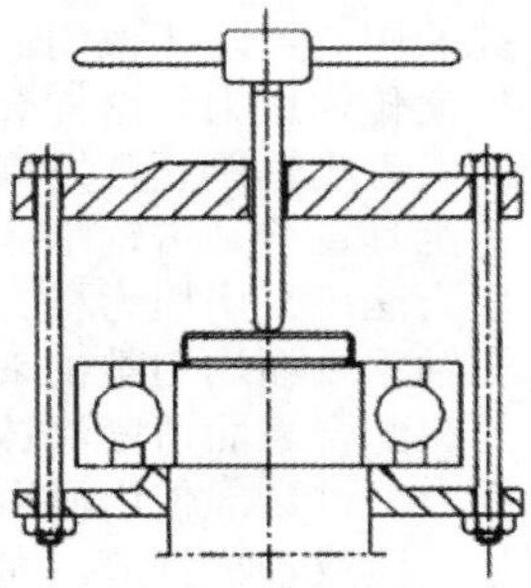 图 4.43　用压力机将轴承从轴上压出
可分离型轴承的拆卸	可分离型轴承，如内圈与轴为紧配合，外圈与座孔为较松配合，可先将轴与内圈一起取出，然后用压力机或其他拆卸工具将内圈从轴上拆下。圆锥滚子轴承和圆柱滚子轴承，外圈为较紧的配合，拆卸时，可先将轴连同轴承内圈和滚动体一起拆出，然后用压力机或其他拆卸工具将外圈拆出，如图 4.44 所示	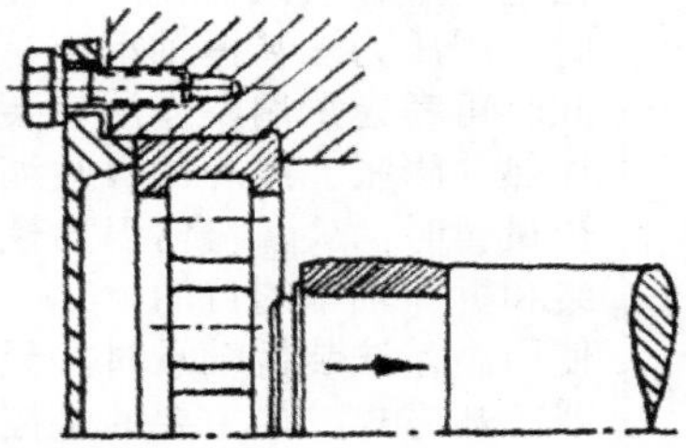 图 4.44　内圈为紧配合的可分离型轴承的拆卸
圆锥孔轴承的拆卸	装在退卸套上的圆锥孔轴承，可用退卸螺母拆卸退卸套，如图 4.45 所示。首先拧下轴上的锁紧螺母，然后用退卸套上的退卸螺母将退卸套拔出。如果拆卸困难，特别是大型轴承的拆卸，可用特制的拆卸螺母和淬硬的拆卸螺钉将退卸套拔出，这时应在拆卸螺钉和轴承端面之间垫上垫片	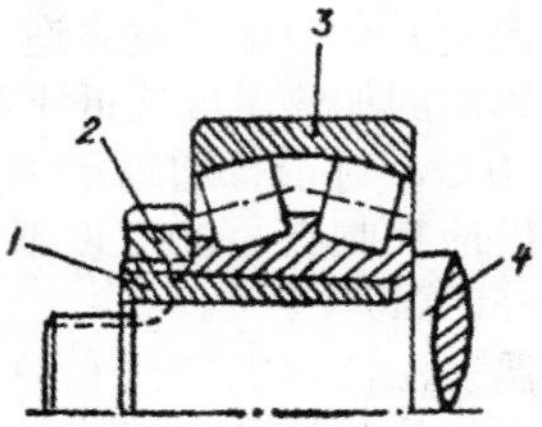 1—退卸套；2—退卸螺母；3—轴承；4—轴 图 4.45　用退卸螺母拆卸退卸套
	锥孔轴承还可以采用油压拆卸法。这种方法是用高压油泵将高压油压入配合表面之间形成油膜，以减小配合表面间的摩擦力（见图 4.46）。为了便于采用这种拆卸法，在锥形轴颈或紧定套、退卸套上加工出油槽和轴向油路，在端面油路入口处加工出螺纹，以便通过接头与手动油泵连接 拆卸时，应先把锁紧螺母拧回几圈，然后压进高压油，油膜形成后，轴承便自动从锥形配合表面上滑下	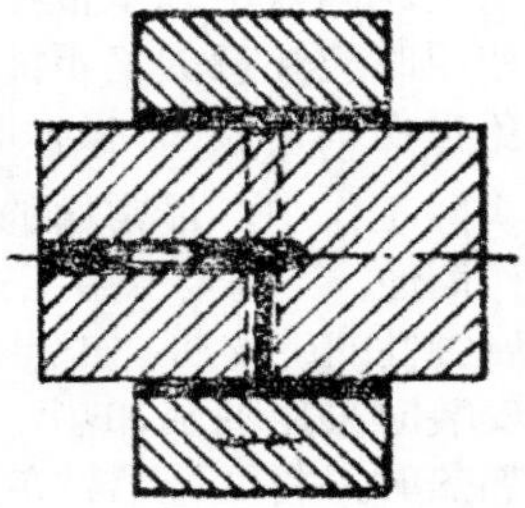 图 4.46　高压油在配合表面形成油膜的示意图

4.2.4　滚动轴承的安装

类型	安装方法	图示
压力法	在常温条件下不改变互相配合零件的尺寸，直接采用压力的方式进行安装（或拆卸）的方法称为压力法，如图 4.47 所示。此方法一般用于过盈量不大的中小型轴承的安装拆卸。而对于过盈量较大或大型轴承，以及刚度较弱的零件应避免采取此方法，防止相关零件变形； 用压力法安装轴承时，应在轴承的端面上均匀施加压力，并始终保持轴承与轴颈或外壳孔的同心，防止偏斜。切忌通过滚动体和保持架传递压力，这样会损伤轴承零件工作表面，影响轴承正常发挥性能。不允许用铁锤等工具直接敲击轴承； 压力法可采用压力机、锁紧螺母或软金属锤在轴承端面均匀敲击来实现。采用压力法时可在配合表面适度涂抹润滑剂以保护配合表面，但过量地使用润滑剂会影响过盈配合质量，造成轴承打滑，尤其对过盈量小的配合应慎重使用润滑剂	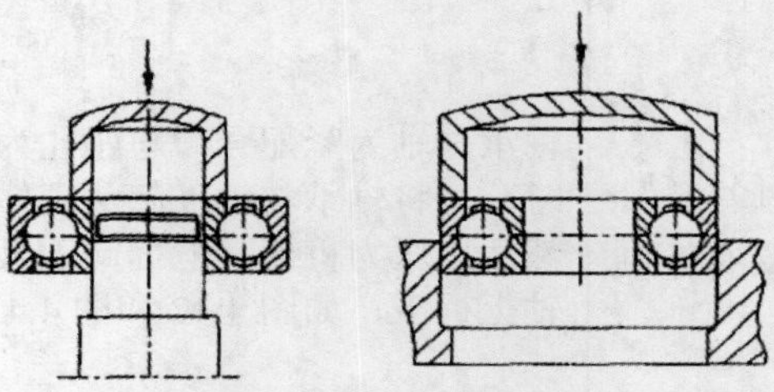 图 4.47　压力法安装轴承
温差法	当过盈量较大或在使用中需要经常装拆轴承时，用压力法装拆轴承容易损伤配合表面；此时可考虑采用温差法安装。温差法是利用加热（膨胀）或冷却（收缩）方法使轴承过盈量暂时消失，待常温后恢复来达到轻便安装和拆卸轴承的目的； 使用温差法装拆轴承时，无论选用何种加热或冷却方式，最主要的是控制轴承的温度。加热温度太高，会使轴承的材料组织、硬度或尺寸精度等发生变化，温度太低（冷却时温度）会使轴承发脆造成断裂。一般情况下，轴承的加热温度应低于材料回火温度 60℃～70℃，对于普通轴承钢而言，最高的加热温度应控制在 100℃以下。冷却的温度控制在 -50℃以上； 温差法常用的方法有油加热法、空气加热法、火焰加热法和电感应加热法等。其中空气加热法需要温度加热箱，电感应加热法需要设计专用的电磁感应装置。这两种方法的优点是加热温度容易控制，电磁感应加热尤其适用于相同规格轴承批量安装。火焰加热法在使用时应注意火焰不能距离零件表面太近以免损伤零件表面，操作时应沿圆周均匀加热； 实际工作中，最常用的是油加热法，此法操作简便，不需要专用工具，加热用油多采用无腐蚀性的矿物油，如变压器油，闪点在 250℃，安装时采用油浴加热，如图 4.48 所示。油浴加热时，将变压器油放入油槽，在油槽底部设置一个距离槽底 60mm 的支架，轴承放在支架上，目的是均匀加热和防止加热过程中	 图 4.48　油浴加热

	轴承受污染，在槽中放一个温度计用于控制加热温度。油加热法适用于中小轴承的安装，而且对可分离或不可分离轴承均适合	
液压法	液压法装拆轴承是一种比较先进的方法。其原理是利用高压油通过预先加工好的油孔和油槽，进入轴承的过盈配合处形成高压油环膜，借助高压油的张力将配合表面涨开进行安装或拆卸，但液压法要求配合面的尺寸精度较高，否则容易泄油形成不了高压。液压法安装方法示意如图 4.49 所示	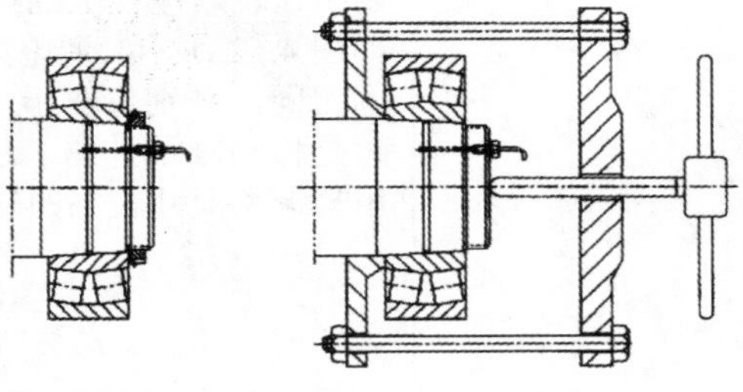 （1）安装　（2）拆卸 图 4.49　液压法安装及拆卸

4.2.5　滚动轴承的调整

游隙的调整	方法	图示
垫片调整法	垫片调整法是最常用的调整方法，如图 4.50 所示，调整时，一般先不加垫片，拧紧侧盖的固定螺钉，直到轴不能转动时为止（此时轴承内无游隙），此时，用厚薄规测量侧盖与轴承座端面之间的距离 K，然后加入垫片，垫片厚度等于 K 值加上轴向游隙； 应该注意，采用垫片调整法调整的精度取决于侧盖和垫片的质量。轴承侧盖凸绕端面 A 和侧盖端面 B 应该平行。一套垫片应由多种不同厚度的垫片组成，垫片应平滑光洁，其内外边缘不得有毛刺	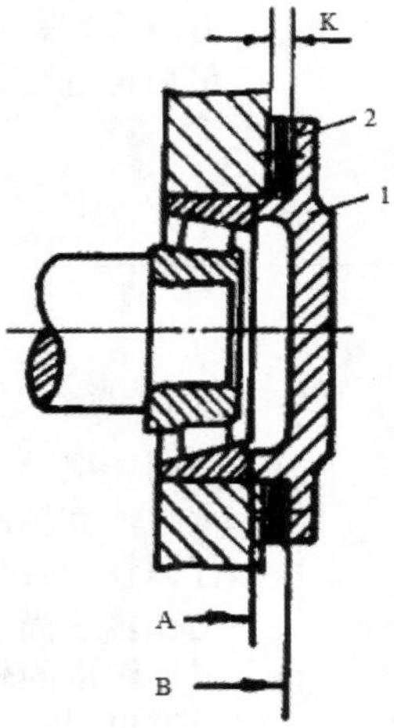 1—侧盖；2—垫片 图 4.50　用垫片调整轴向游隙
螺母调整法	用装在轴上的螺母调整： 如图 4.51 所示，调整时，先将螺母拧紧到轴难以旋转时为止（此时轴承内无游隙，注意在拧紧螺母时应转动轴承，以便使滚动体在滚道上处于正确位置），然后再将螺母稍微松开，松到轴能自由转动时为止（此时用手转动轴，轴能借助于惯性旋转几圈）。调整后用止动螺母锁死。最后还要检查轴向游隙； 当用这种方法大量调整同一类型的轴承，或调整对旋转精度要求较高的轴承时，可将调整螺母旋紧到轴难以旋转的位置之后，根据已知的螺距，将螺母退至一定角度，此时螺母退回的距离刚好等于轴向游隙	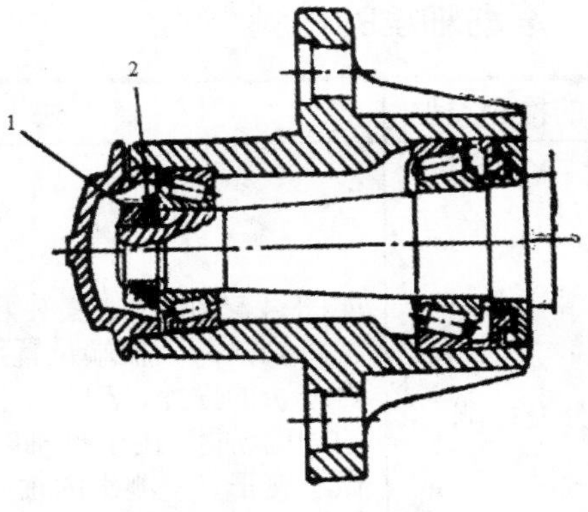 1—止动螺母；2—调整螺母 图 4.51　利用轴上的螺母调整轴承的轴向游隙

	用装在轴承座孔上的螺母调整：如图 4.52 所示，调整方法与上述基本相同，区别仅在于，用此法调整时是移动轴承外圈。这种方法主要用来调整尺寸较小的轴承	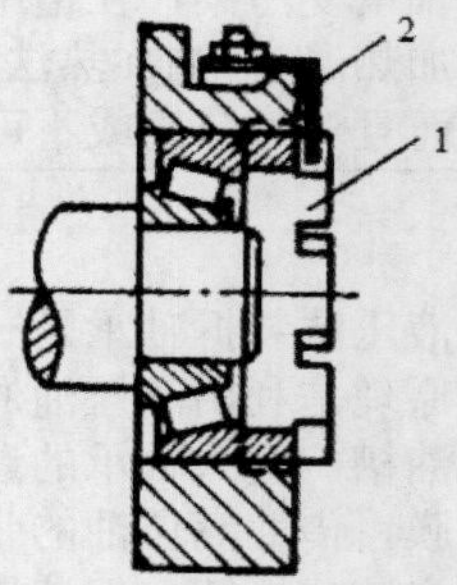 1—调整螺母；2—止动垫片 图 4.52　用装在轴承座孔上的螺母调整轴向游隙
螺钉挡盖调整法	如图 4.53 所示，调整时，先将挡盖的固定螺钉拧紧至轴不能转动时为止，然后将螺钉拧回数扣，拧回的扣数应根据螺钉螺距和轴承的轴向游隙确定。调好后，紧固锁紧螺母，最后再进行游隙检查	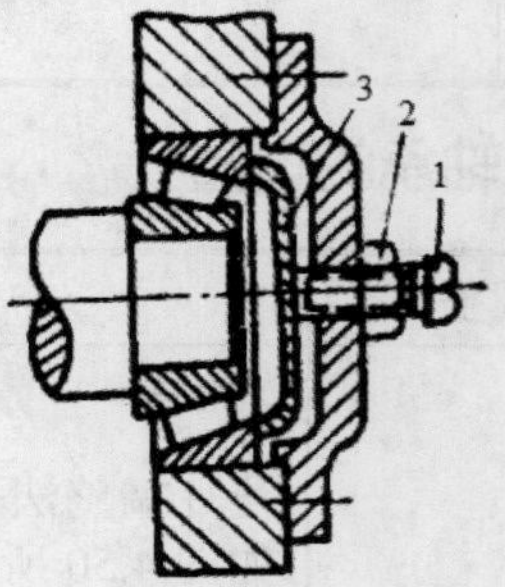 1—调整螺钉；2—锁紧螺母；3—挡盖 图 4.53　用螺钉挡盖调整轴向游隙
内外套调整法	当同一根轴上装有两个圆锥滚子轴承时，其轴向游隙常用内外套筒进行调整，如图 4.54 所示。这种调整是在轴承尚未装到轴上时进行的。根据轴承的轴向游隙确定内外套的长度尺寸	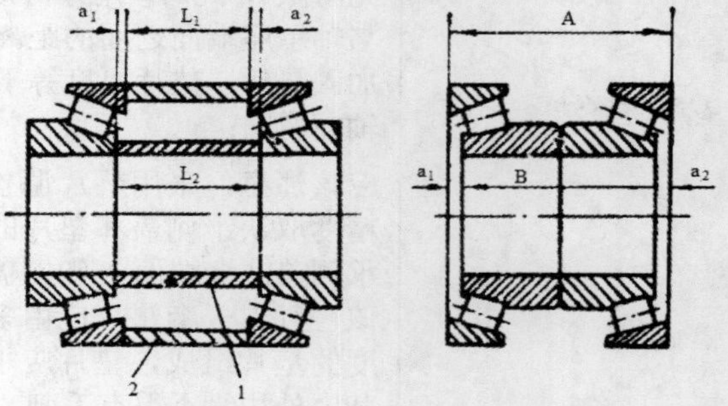 （a）　　　　　　（b） 1—内套；2—外套 图 4.54　用内外套调整轴承轴向游隙

4.2.6　滚动轴承的检测

间隙的检测类型	方法	图示
用百分表检测	如图 4.55 所示，安装好百分表，用撬杠将轴向两个极端位置撬动，同时观察百分表的摆差，表的极限摆差即为轴承的轴向游隙。由于推轴时壳体可能发生微小变形，使测出的轴向游隙略大，所以检测时，加于撬杠上的力量不宜过大	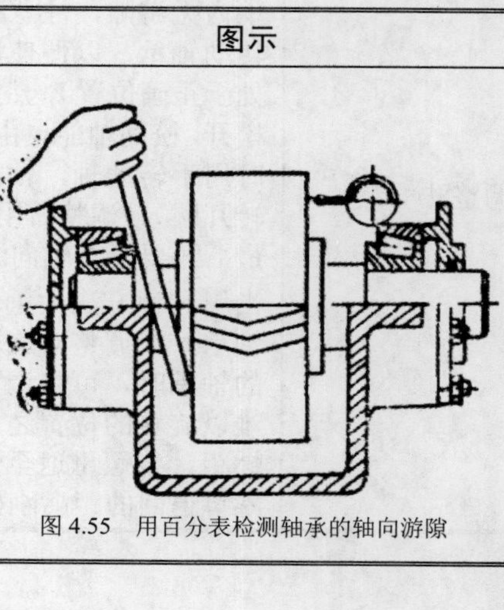 图 4.55　用百分表检测轴承的轴向游隙

用厚薄规检测	如图 4.56 所示，检测时，将厚薄规插入与轴承负荷部位相对的滚动体与轴承外圈滚道之间	图 4.56 用厚薄规检测轴向游隙
通过感觉检测	在不便用百分表和厚薄规检测的情况下，有经验地装配 检验人员可凭经验通过感觉进行检测。图 4.57 为用手指检查轴向游隙的情形。当轴承采用封闭式结构或无法采用上述方法检测时，只能根据旋转的灵活程度进行检查。检查时，让轴旋转，轴应能借惯性转动几圈，不得有制动现象。应当指出，如果轴承装有摩擦式密封装置（毡垫或皮碗等）时，不宜采用此法	图 4.57 用手指检查轴向游隙

子学习情境 4.3 联轴器的装调

情境导入

联轴器的装调工作任务单

情　　境	常用机构的装调				
学习任务	子学习情境 4.4：联轴器的装调			完成时间	
任务完成	学习小组		组长	成员	
任务要求	掌握：1. 联轴器的基本知识；2. 联轴器的装调				
任务载体 和资讯	图 4.58 为弹性套柱销联轴器，联轴器的安装和调整过程，亦称为联轴器的找正 图 4.58 弹性套柱销联轴器				要求： 1. 精确判断被联接两轴在空间的相对位置； 2. 确定两轴的相对位移量，调整两轴的相对位置，达到具有较高的对中精度； 3. 用可靠的定位装置将联接机组固定下来； 资讯： 1. 联轴器的基本概念和分类； 2. 常见联轴器的类型； 3. 联轴器的安装与调整
资料查询 情况					

完成任务 注意点	联轴器在装配时需严格保证两轴线的同轴度，使运转时不产生振动，保持平衡；同时，还应考虑到工作时可能出现的两轴相对位移，并提出相应的补偿措施

 **任务描述**

学习目标	学习内容	任务准备
1．掌握联轴器的基本知识 2．掌握联轴器的装调方法 3．培养学生课程标准教学目标中的方法能力、社会能力 4．达成素质目标	1．联轴器的基本知识 2．联轴器的安装和调整	前期准备：百分表、铜棒、橡胶锤、活扳手等 知识准备：联轴器的概念和分类、常见联轴器介绍、联轴器的安装和调整

 **知识链接**

4.3.1　联轴器的基本知识

概念	分类		图示
联轴器是指在回转过程中不脱开的、以固体零件组装的一类联轴器，不包括工作中两端可以根据传递运动和扭矩大小的需要而任意接合和脱开的离合器和其他特殊联轴器（如液力联轴器）	刚性联轴器	凸缘联轴器（见图4.59） 套筒联轴器 夹壳联轴器	 图4.59　带轮缘的凸缘联轴器
	挠性联轴器	无弹性元件挠性联轴器 非金属弹性元件挠性联轴器 金属弹性元件挠性联轴器（见图4.60） 组合挠性联轴器	 图4.60　金属弹性元件挠性联轴器

4.3.2　常见联轴器介绍

常见联轴器	说明	图示
圆盘式联轴器	由两个带毂的圆盘组成，两圆盘分别用键安装在两轴轴端，并靠螺栓把它们联成一体（见图4.61）	图4.61　圆盘式联轴器

套筒式联轴器	用一个套筒联接两根轴的形式（见图4.62）	 图4.62　套筒式联轴器
十字槽式联轴器	由端面开有凹槽的两个套筒和两侧各具有凸块的中间圆盘组成。中间圆盘两侧的凸块相互垂直，分别嵌入两个套筒的凹槽中（见图4.63）	 图4.63　十字槽式联轴器

4.3.3　联轴器的装配与调整

联轴器装配的技术要求	装配方法	调整方法
1．在安装设备时，联接两轴的联轴器是否保持在同一轴线上，这对联轴器及传动系统的使用寿命影响很大； 2．没有按要求进行安装和调整，使两轴轴线相对偏移超出联轴器的许用值，这是造成联轴器很快失效的最主要原因，同时也会影响其他机件工作的可靠性； 3．经安装调整后的联轴器的两轴线不允许超过许用安装误差，通常所说的联轴器许用偏移量是指它的运转状态下的偏移量，不能认为只要安装时两轴轴线相对偏移符合要求，联轴器就能正常运转，而忽视了在运转过程中还会产生两轴轴线相对偏移的各种因素； 4．许用安装误差必须小于联轴器的许用偏移量。一般情况下，许用安装偏移量应为运转状态下的许用偏移量的 $1/2 \sim 1/4$。特别是联轴器的轴线与传动装置的底面距离较大、工作中局部热变形影响较严重以及冲击和振动较大时，安装偏移量应控制得小一些，因为在这种情况下的运转状态的偏移量是比较大的	1．为了提高联轴器的安装和调整精度，应注意影响调整精度的每一个环节； 2．在安装前应清理机组和机座的表面，使表面无铁屑和其他杂物； 3．所运用的测量工具应具有足够的刚度，避免因弹性变形而影响读数的准确性； 4．为取得可靠的读数，应多次测量，取其平均值； 5．调整后，拧紧固定螺栓时，拧紧力要均匀一致	1．联轴器两轴轴线的轴向偏移和角偏移可能发生在水平面或者垂直平面； 2．安装后，如果偏移发生在水平面，可以调整部件的位置，以达到所需要的对中精度； 3．如果发生在垂直平面内，主要采用补偿垫片来调整，可以由一组经过磨削加工的厚0.1mm、0.2mm、0.4mm和0.8mm的垫片中选取若干片，以达到需要的调整量。但这种测量方法的精度不高，只适用于调整转速不高的中、小型联轴器； 4．对于大型和对中精度要求高的联轴器，可以用千分表来测量两轴轴线的相对偏移量

学习情境 5　减速器及其零部件的装调

- 了解并熟悉减速器的用途、结构、工作原理；
- 掌握减速器的运行原理，并学会分析减速器的传动特点；
- 熟悉减速器及其零配件的装调要求；
- 熟悉减速器及其零配件的运行环境及应用场合；
- 学会减速器装配的特点。

子学习情境 5.1　轴类零件的装调

情境导入

轴类零件的装调工作任务单

情　　境	减速器及其零部件的装调				
学习任务	子学习情境 5.1：轴类零件的装调			完成时间	
任务完成	学习小组		组长		成员
任务要求	掌握：1. 轴的作用；2. 轴的功用、结构；3. 轴的拆装				
任务载体和资讯	一般来说，零件的长度比零件的直径大很多的圆柱形零件称为轴，如图 5.1 所示。做回转运动的零件都要装在轴上来实现回转运动及传递转矩的作用  图 5.1　直轴			要求：轴上零件定位准确，预紧良好 资讯： 1. 轴的分类； 2. 轴的功用； 3. 轴上零件的定位、防松与预紧	
资料查询情况					
完成任务注意点					

任务描述

学习目标	学习内容	任务准备
1. 了解轴的基本知识 2. 掌握轴的种类 3. 掌握螺纹联接件 4. 轴的装调方法	1. 轴的基本知识 2. 轴的装调与监测	前期准备：轴的功用、分类、性能、装调技术要求及精度测量及调整方法

5.1.1　直轴类零件

轴的功用	轴的分类		轴的结构	轴的材料
轴是用来支撑旋转的机械零件，如齿轮、带轮、链轮、凸轮等，传递运动和动力	根据轴的承载情况	转轴	轴的结构为：轴颈、轴头、轴身，如图 5.2 所示。轴上用来安装轴承的部分称轴颈，安装轮毂部分称为轴头，联接轴颈和轴头的部分称为轴身	轴的工作能力取决于它的强度和刚度。轴的材料主要是碳钢和合金钢，轴的毛坯多数用圆钢或锻件，各种热处理和表面强化处理可以显著提高轴的抗疲劳强度
		心轴		
		传动轴		
	按形状分	光轴	图 5.2　轴上各部分组成	碳钢比合金钢价廉，且具有较好的综合力学性能，对应力集中的敏感性较低，应用较多，适用于一般要求的轴，尤其 45 号钢应用最广
		阶梯轴		
		实心轴		在传递大功率并要求减小尺寸和质量，要求高的耐磨性，以及处于高温、低温和腐蚀条件等特殊要求下，多用具有较高力学性能的合金钢
		空心轴		高强度铸铁和球墨铸铁可用于制造外形复杂的轴，且具有价廉、良好的吸振性和耐磨性，以及对应力集中的敏感性较低等优点，但是质地较脆

5.1.2　轴类零件的定位

含义	轴上零件的固定方法	图示
为了保证轴上零件有准确的工作位置，必须进行轴向和周向定位	轴肩（见图 5.3）	图 5.3　轴颈轴肩结构
	螺母（见图 5.4）	图 5.4　螺母

双螺母（见图 5.5）	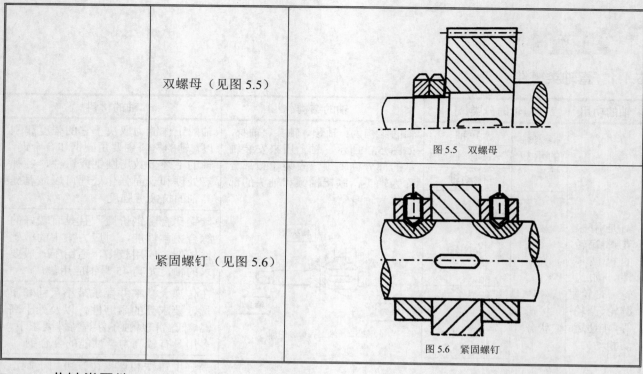
	图 5.5　双螺母
紧固螺钉（见图 5.6）	
	图 5.6　紧固螺钉

5.1.3　曲轴类零件

曲轴简介	曲轴的工作原理	曲轴的应用
曲轴被广泛应用于各种各样的机器当中，图 5.7 所示为曲轴示意图 图 5.7　曲轴示意图 在汽车中，引擎的主要旋转机件装上连杆后，可承接连杆的上下（往复）运动变成循环（旋转）运动	曲轴是发动机上的一个重要的机件，其材料是由碳素结构钢或球墨铸铁制成的，有两个重要部位：主轴颈和连杆颈。主轴颈被安装在缸体上，连杆颈与连杆大头孔联接，连杆小头孔与汽缸活塞联接，是一个典型的曲柄滑块机构。曲轴的润滑主要是指与摇臂间轴瓦的润滑和两头定点的润滑，一般都是压力润滑，曲轴中间会有油道和各个轴瓦相通，发动机运转以后靠油泵提供压力供油进行润滑、降温。发动机工作过程就是，活塞经过混合压缩气的燃爆，推动活塞做直线运动，并通过连杆将力传给曲轴，由曲轴将直线运动转变为旋转运动。曲轴的旋转是发动机的动力源，如图 5.8 所示	曲轴也可被用于空压机中，当空压机运行时，依靠活塞、活塞环与气缸工作面之间形成的密封腔压缩气体。所以曲轴是空压机中的重要零配件。空压机通过曲轴与活塞的相互运动，把空气压缩到气缸内。活塞环留有防抱缸的闭合间隙，而且随着活塞环与气缸的磨损，闭合间隙不断增大。因此，压缩气体时会有少量压缩空气向曲轴箱泄漏。压缩空气从压力状态降到零压状态时，大量吸热降温，产生冷凝水。由于压缩机运行时，曲轴箱有一定温度，通常在 55℃～70℃。一般情况下，进入曲轴箱的冷凝水被蒸发掉，曲轴箱不会积水。但是，当曲轴箱内的冷凝水形成量大于蒸发量时，曲轴箱就会产生积水

图 5.8　汽车发动机活塞示意图

5.1.4　螺纹联接件

特点	螺纹轴的主要特点是轴上有用于联接的螺纹。螺纹联接是一种可拆卸的紧固联接，它具有结构简单、联接紧凑可靠、装拆方便等优点		
分类	螺纹联接基本牙型是三角螺纹，牙型角为60°	一般螺栓联接（见图5.9） 图5.9　一般螺栓联接	
		双头螺柱联接（见图5.10） 图5.10　双头螺柱联接	
		螺钉联接（见图5.11） 图5.11　螺钉联接	
预紧	螺纹联接为了产生一定的摩擦阻力，需要有足够的预紧力。预紧力的大小一般由预紧工具（如扳手）决定		
	普通扳手（见图5.12） 图5.12　普通扳手	气动扳手（见图5.13） 图5.13　气动扳手	电动扳手（见图5.14） 图5.14　电动扳手

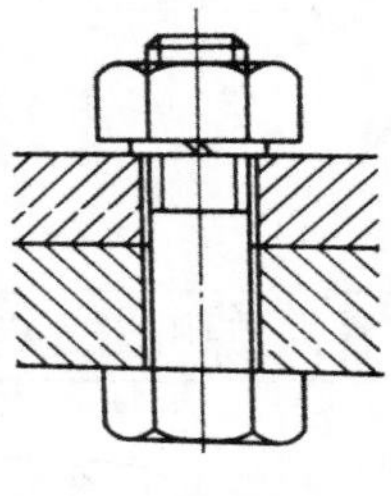

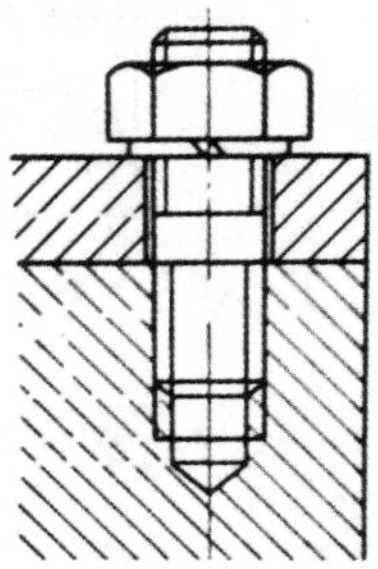

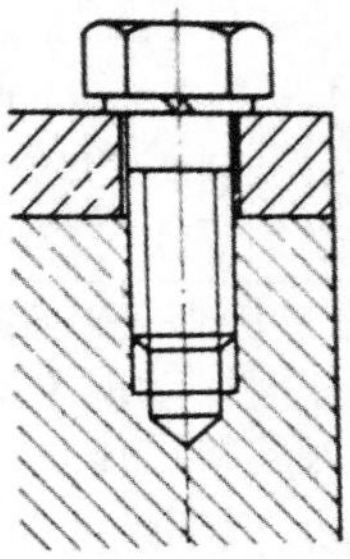

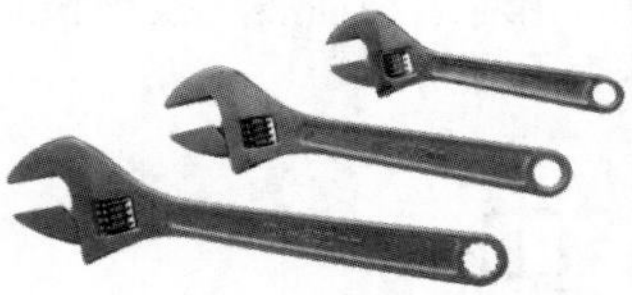

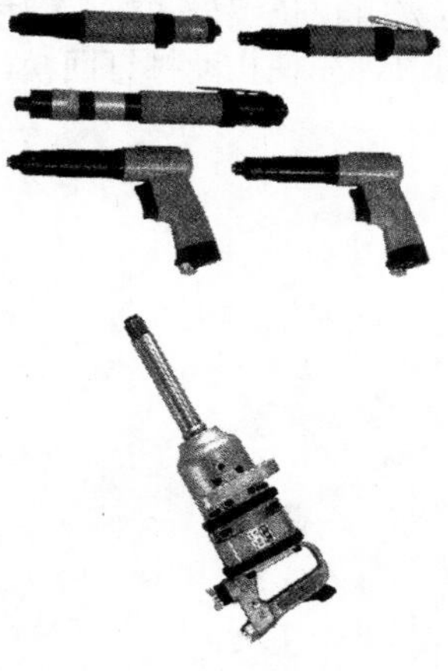

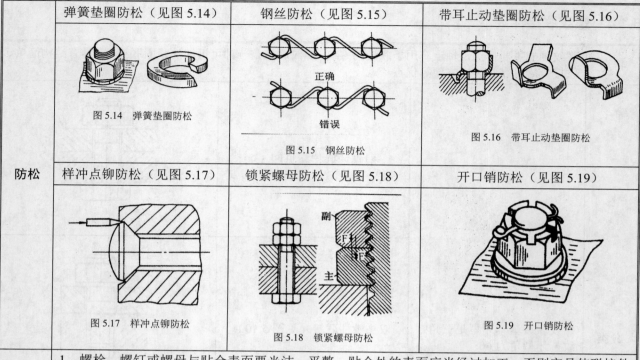

	弹簧垫圈防松（见图 5.14）	钢丝防松（见图 5.15）	带耳止动垫圈防松（见图 5.16）
防松	图 5.14　弹簧垫圈防松	正确 错误 图 5.15　钢丝防松	图 5.16　带耳止动垫圈防松
	样冲点铆防松（见图 5.17）	锁紧螺母防松（见图 5.18）	开口销防松（见图 5.19）
	图 5.17　样冲点铆防松	副 主 图 5.18　锁紧螺母防松	图 5.19　开口销防松

螺栓、螺钉、螺母的装配要点	1．螺栓、螺钉或螺母与贴合表面要光洁、平整，贴合处的表面应当经过加工，否则容易使联接件松动 2．螺栓、螺钉或螺母和接触的表面之间应保持清洁，螺孔内的脏物应当清理干净 3．紧固成组螺纹联接时，必须按一定的顺序进行，并做到分次遂步紧固（一般分三次紧固），否则会使零件或螺杆产生松紧不一致，甚至变形。一般在拧紧的时候是采用扩展型和对称型来进行的 4．主要部位的螺钉必须按一定的紧固力矩来紧固 5．联接件要有一定的夹紧力，紧密牢固，在工作中有振动或冲击时，为了防止螺钉和螺母松动，必须采用可靠的防松装置

双头螺柱的装配要点	1．应保证双头螺柱与机体螺纹的配合有足够的紧固性（即在装拆螺母的过程中，双头螺柱不能有任何松动现象）。为此，螺柱的紧固端应采用过渡配合，保证配合后中径有一定过盈量。当螺柱装入软料机体时，其过盈量要适当大些 2．双头螺柱的轴线必须与机体表面垂直，通常用 90°角尺进行检验。当双头螺柱的轴线有较小的偏斜时，可把螺柱拧出采用丝锥校准螺孔，或把装入的双头螺柱校准到垂直位置，如偏斜较大时，不得强行修正，以免影响联接的可靠性 3．装入双头螺柱时，必须用油润滑，以免拧入时产生咬住现象，同时可使今后拆卸更换较为方便。拧紧双头螺柱的专用工具如图 5.20 所示。图 5.20（a）所示为用两个螺母拧紧法，先将两个螺母相互锁紧在双头螺柱上，然后扳动上面的一个螺母，把双头螺柱拧入螺孔中。图 5.20（b）所示为使用长螺母的拧紧法。用止动螺钉来阻止长螺母和双头螺柱之间的相对运动，然后扳动长螺母，这样双头螺柱即可拧入。要松掉螺母时，先使止动螺钉回松，就可旋下螺母

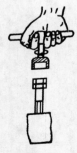 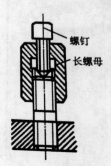

螺钉
长螺母

（a）用双螺母拧紧图　　　　　（b）用长螺母拧紧

图 5.20　拧紧双头螺柱的专用工具

5.1.5　轴类零件的拆装工具

	活扳手（见图 5.21）	呆扳手（见图 5.22）	整体扳手（见图 5.23）
轴类零件的拆装工具	图 5.21　活扳手	图 5.22　呆扳手	图 5.23　整体扳手
	内六角扳手（见图 5.24）	成套套管扳手（见图 5.25）	
	图 5.24　内六角扳手	图 5.25　成套套管扳手	
	管子钳（见图 5.26）	棘轮扳手（见图 5.27）	
	图 5.26　管子钳	图 5.27　棘轮扳手	

5.1.6　轴类零件的拆装工艺

序号	内容	拆卸工具
1	使用活扳手对实训装置中减速器轴外螺纹进行拆卸（见图 5.28）	图 5.28　活扳手拆卸
2	直接取出垫片	

3	取出齿轮轴（见图 5.29）	 图 5.29　取出齿轮轴
4	取出齿轮（见图 5.30）	 图 5.30　取出齿轮
5	取出键和齿轮（见图 5.31）	 图 5.31　取出键和齿轮
6	取出轴，完成了轴的拆卸（见图 5.32）	 图 5.32　取出轴

5.1.7　轴类零件的精度调试方法

	定义	主轴的精度调试方法	调试步骤	注意
主轴旋转精度	机床主轴精度大小是以其瞬时旋转中心线与理想旋转中心线的相对位置来决定的。在正常工作旋转时，由于主轴、轴承等的制造精度和装配、调整精度，主轴的转速、轴承的设计和性能以及主轴部件的动态特征等机械原因，造成了主轴的瞬时旋转中心线往往会与理想旋转中心线在位置上产生一定的偏离，由此产生的误差就是主轴在旋转时的瞬时误差，也称为旋转误差。而瞬时误差的范围大小，就代表主轴的旋转精度。加工过程中，主轴可能会延轴垂直的方向发生径向跳动，延轴方向发生轴向窜动或以轴上某点为中心，发生角度摆动，这些运动都会降低主轴的旋转精度。实际生产中，人们常常用安装于主轴前端的刀具或工件部位的定位面发生的三种运动的运动幅度来衡量和描述主轴精度，这三种运动分别是径向跳动、端面跳动和轴向窜动。主轴在工作转速时的旋转精度，也称为运动精度	1. 静态测量评定法：这是一种在低速旋转环境下测定主轴旋转精度的方法，又称为打表法	在无载荷条件下手动缓慢转动主轴，或控制主轴进行低速转动，利用千分表进行测量，测出最大度数和最小读数，计算出二者之差，即为主轴的旋转精度	由于静态测量是在低速旋转环境下，而不是在主轴实际工作速度下进行的测量，因此并不能够反映出真正的主轴旋转精度
		2. 动态测量评定法：这是一种在主轴实际的工作转速之下，采用非接触式测量装置，测出主轴旋转运动精度误差的方法，包括主轴振动及高速旋转时的运动精度误差	这种测量方法能够比较真实、全面地反映主轴的旋转精度情况。目前已普遍采用的测量方法是：将一个标准圆球安装在主轴上，再将两个位移传感器以互成直角的方式，安装在主轴运动的两个敏感方向上。主轴旋转时，两个位移传感器同时测量回旋轴在不同敏感方向上的误差信息	测量信号经放大后，由信号分析仪器或电子计算机进行处理，将结果输出到示波器上，或绘制出相应的误差图形曲线

子学习情境 5.2　键零件的安装与调试

情境导入

键零件的安装与装调工作任务单

情　　境	减速器及其零部件的装调				
学习任务	子学习情境 5.2：键零件的安装与装调			完成时间	
任务完成	学习小组		组长	成员	
任务要求	掌握：1. 装配键的过程规范、方法正确； 　　　2. 能够进行设备准确测量和分析，并实施设备精调整，合理使用工、量具				
任务载体 和资讯	图 5.33　键零件			要求：选择合理的工具及工艺，完成键零件的安装（见图 5.33） 资讯： 1. 键的装配方法； 2. 键的装配要求； 3. 键零件的拆装工艺	
资料查询 情况					
完成任务 注意点	键取出时要用铜皮包裹在键的表面，防止划伤表面影响粗糙度				

任务描述

学习目标	学习内容	任务准备
1. 掌握键的主要功能 2. 掌握键的分类 3. 掌握键的装配工艺	1. 键的基本知识 2. 键的装配要求与装配方法 3. 键的装配工艺	前期准备：键的特点、应用及装配要求；键的拆装与调整

知识链接

5.2.1　键

定义	键是用来联接轴和轴上零件，以传递扭矩和动力的一种机械零件	
特点	键具有结构简单、工作可靠、装拆方便等优点	
分类	松键联接 （见图 5.34）	（a）普通平键联接　　　　　（b）半圆键联接 图 5.34　松键联接

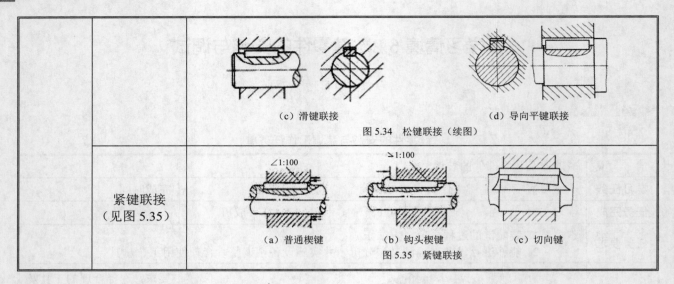

（c）滑键联接　　　　　　　　（d）导向平键联接

图 5.34　松键联接（续图）

紧键联接 （见图 5.35）	（a）普通楔键　　　　　（b）钩头楔键　　　　　（c）切向键 图 5.35　紧键联接

5.2.2　平键、滑键和导键的装配

平键装配要求	平键在装配时，与轴上键槽的两侧面必须有过盈配合。当轴有正反转的时候，键不会松动，以保证轴和键的使用寿命及工作平稳。键顶面和轮毂间是间隙配合
平键装配方法	1．清除键槽的锐边，以防装配时过紧； 2．修配键与槽的配合精度及键的长度； 3．修锉键的圆头； 4．键安装于轴的键槽中必须与槽底接触，一般采用虎钳夹紧或敲击等方法； 5．轮毂上的键槽与键配合过紧时，可修整但不允许松动； 6．为了使键拆卸时不损坏，可在键上面备有螺孔（见图 5.36）
滑键和导键装配要求	滑键和导键不仅带动轮毂旋转，还须使轮毂沿轴线方向在轴上来回移动，装配时，键与滑动件轮毂键槽（键座）宽度的配合必须是间隙配合，而键与非滑动件（轴）的键座（或键槽）两侧面必须过盈配合紧密，没有松动现象。有时为防止键因振动而松动，需用埋头螺钉把键固定。这样，才能保证滑动件在工作时的正常滑动（见图 5.37）
图示	图 5.36　带有螺孔的平键　　　图 5.37　导键固定在轴上　　　A 型　　　B 型

5.2.3　楔键和半圆键的装配

楔键性质	楔键形状与平键相似，但在顶面有 1:100 的斜度，是依靠斜面来夹紧轴与轴上零件的联接。楔键有钩头如图 5.38 所示，主要是为了便于拆装。楔键的顶面亦与键槽的顶面接触，能承受振动和一定的轴向力。键的侧面与键槽间有一定的间隙。楔形键即为紧键联接，能传递转矩并能承受单向轴向力

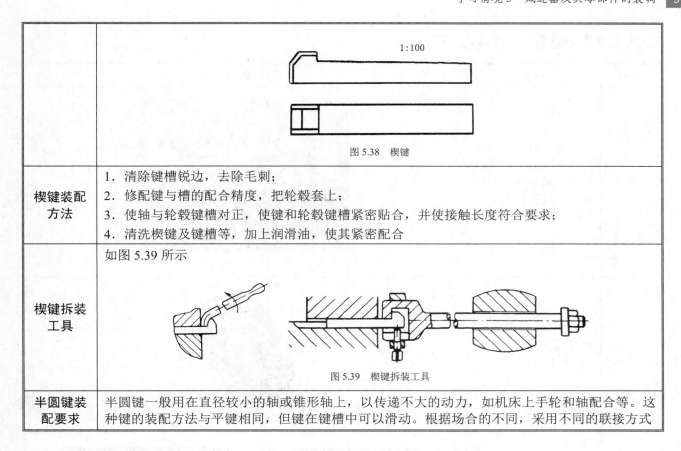

楔键装配方法	1. 清除键槽锐边，去除毛刺； 2. 修配键与槽的配合精度，把轮毂套上； 3. 使轴与轮毂键槽对正，使键和轮毂键槽紧密贴合，并使接触长度符合要求； 4. 清洗楔键及键槽等，加上润滑油，使其紧密配合
楔键拆装工具	如图 5.39 所示 图 5.39　楔键拆装工具
半圆键装配要求	半圆键一般用在直径较小的轴或锥形轴上，以传递不大的动力，如机床上手轮和轴配合等。这种键的装配方法与平键相同，但键在键槽中可以滑动。根据场合的不同，采用不同的联接方式

5.2.4　花键的装配

花键性质	花键联接是由外花键和内花键组成的，适用于定心精度要求高、载荷大或经常滑移的联接。花键联接的齿数、尺寸、配合等均按标准选取，可用于静联接或动联接。按其齿形可分为矩形花键（GB/T 1144—2001）和渐开线花键（GB/T 3478.1—2008）
花键特点	花键的应用比较广泛，联接轴的强度高，传递转矩大，导向好。但制造成本较高，广泛用于轴类零件的制造业中，花键由键数、大径和键宽三个因素组成。花键定心方式有大径（D）、小径（d）和齿侧定心（B）。其中，精度高、质量好的是小径定心方式，花键配合包括定心直径、非定心直径和键宽配合，如图 5.40 所示 图 5.40　花键联接
花键联接的装配要求	1. 固定联接的花键。先去除毛刺，加入润滑油，用紫铜棒轻锤而入，直至合适方好。但是如果配合较紧的话，可采用温差法，按照热胀冷缩的原理，将其加热后进行装配 2. 滑动联接的花键。滑动联接主要指花键与轴进行滑动联接。所以，联接的时候一定是间隙配合。花键轴在滚或铣出后，一般外圆经过磨削，花键孔是拉出来的，因此，轴与孔配合比较准确

5.2.5　减速器键零件的拆装工艺

序号	内容	拆卸工具
1	使用内六角扳手对天煌 THMDZT-1 实训装置中减速器轴外端盖进行拆卸（见图5.41）	 图5.41　拆卸外端盖
2	直接拆下外端盖（见图5.42）	 图5.42　拆下外端盖
3	取出齿轮轴（见图5.43）	 图5.43　取出齿轮轴
4	取出齿轮（见图5.44）	 图5.44　取出齿轮
5	取出键，这就完成了键零件的拆卸（见图5.45）	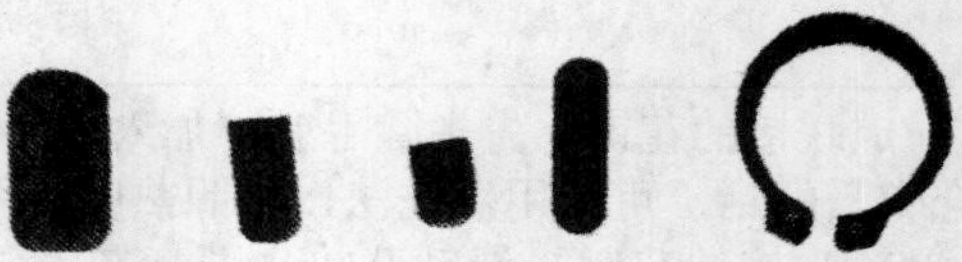 图5.45　取出键

子学习情境 5.3　销零件的安装与调试

 情境导入

销零件的安装与调试工作任务单

情　　境	减速器及其零部件的装调					
学习任务	子学习情境 5.3：销零件安装与调试			完成时间		
任务完成	学习小组		组长		成员	
任务要求	掌握：1. 销零件的使用；2. 销零件的拆装工具及拆装步骤；3.销零件的装配工艺					
任务载体和资讯	销零件如图 5.46 所示 <div align="center">图 5.46　销</div>				要求：根据销的装配工艺，合理调整销的安装达到工艺要求 资讯： 1. 销的基本知识； 2. 销的装配工艺； 3. 销的调整	
资料查询情况						
完成任务注意点	避免销零件的表面被损坏，有锥度的销要保护其锥度					

 任务描述

学习目标	学习内容	任务准备
1. 掌握销零件的使用 2. 掌握销零件装配工艺 3. 能够进行销零件的合理调整	1. 销零件的基本知识 2. 掌握销零件装配工艺 3. 销零件的拆装工艺	前期准备：了解销在减速器中的作用，熟悉销的装配工艺和拆装工具

 知识链接

5.3.1　销

定义	销联接是用销钉把机械零件联接在一起，使之不能转动或移动
特点	销联接可以起到定位、联接和保险作用。根据销的外形形式，联接所用的销子有圆柱销和圆锥销两种。一般圆锥销的锥度为 1:50
分类	通常，按照销联接的用途，销子又可分成紧固销和定位销，除某些定位销外，销与销孔都是依靠过盈达到紧固的联接。销零件中的紧固销除了可用于定位外，还可用于紧固联接。而定位销，只是用于定位，不作紧固联接

	装配特点	圆柱销的装配非常重要,主要特点是销零件不能被随意拆卸。所以,圆柱销全靠配合时的过盈,故一经拆卸失去过盈就必须调换。为了保证销与销孔的过盈量,要求销和销孔表面粗糙度较小,通常两零件的销孔必须同时钻出,并经过铰孔,以保证两零件销孔的重合性、销孔的尺寸及较小的表面粗糙度,如图 5.47 所示 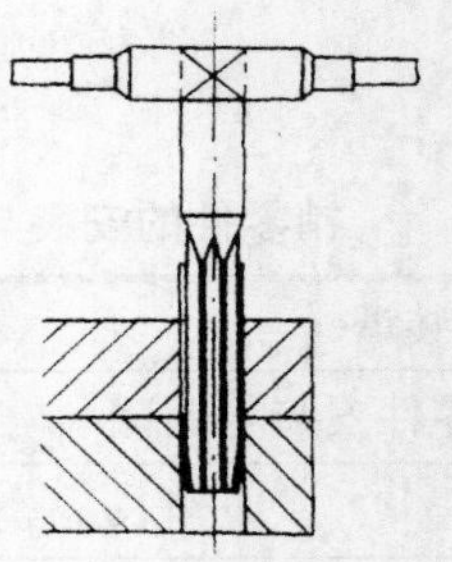 图 5.47 铰孔
圆柱销的装配	装配方法	圆柱销装配时,在销上涂油,用铜棒垫在销端面上,把销打入孔中。但是,对某些定位销,只能用压入法把销压入孔内,如图 5.48 所示。压入法比打入法好,销不会变形、工件间不会移动,但是也是要根据销的使用情况来定 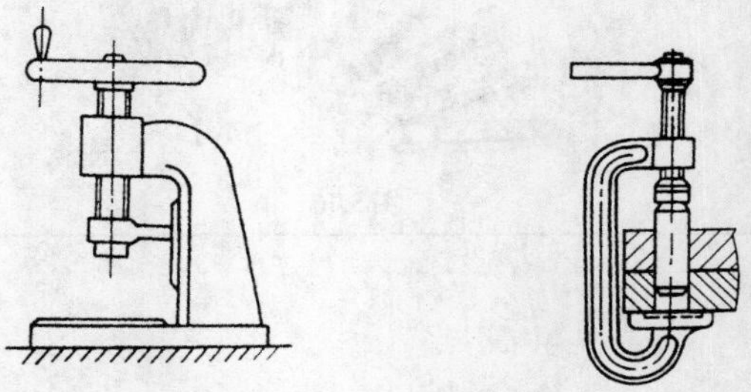 图 5.48 压入法装配销
圆锥销的装配	装配特点	销主要用来固定零件之间的相对位置时,称为定位销,它是组合加工和装配时的重要辅助零件;用于联接时,称为联接销,可传递不大的载荷;作为安全装置中的过载剪断元件时,称为安全销
	装配方法	大部分圆锥销是定位销。圆锥销的优点是装拆方便,可在一个孔内装拆几次,而不损坏联接面质量。装配后,销的大端应稍露出零件的表面,或与零件的表面一样平;小头应与零件表面一样平或缩进一些。圆锥孔铰孔后,则能获得正常的过盈,而销装入孔中的深度一般也较适当。有时为了便于取出销,可采用带螺纹的圆锥销,通过销上的螺母即可将带外螺纹的销拔出。对带内螺纹的圆锥销要用拔销器取出,如图 5.49 所示 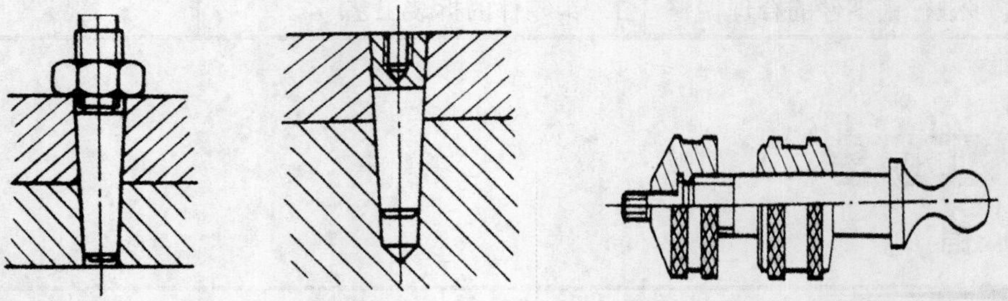 (a)带外螺纹圆锥销　　(b)带内螺纹圆锥销　　(c)拔销器 图 5.49 圆锥销拆卸

5.3.2　销零件的拆装工具

名称	工具	使用说明
内六角扳手（见图 5.50）	 图 5.50　内六角扳手	内六角扳手也叫艾伦扳手，它是一种拧紧或旋松头部带内六角螺丝的工具
橡胶锤（见图 5.51）	 图 5.51　橡胶锤	橡胶锤是一种用橡胶制成的锤子，敲击时可以防止被敲击对象变形
螺钉旋具（见图 5.52）	 图 5.52　螺钉旋具	螺钉旋具是一种拧紧或旋松头部带一字或十字槽螺钉的工具
拉马（见图 5.53）	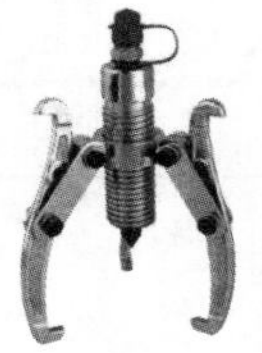 图 5.53　拉马	三爪拉马是机械维修中经常使用的工具。主要用来将损坏的轴承从轴上沿轴向拆卸下来。主要由旋柄、螺旋杆和拉爪构成
活动扳手（见图 5.54）	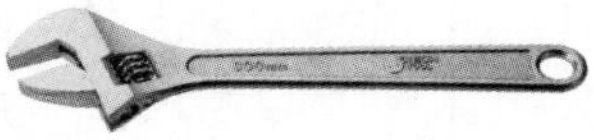 图 5.54　活动扳手	活动扳手，是用来紧固和起松螺母的一种工具
圆螺母扳手（见图 5.55）	 图 5.55　圆螺母扳手	圆螺母扳手是用来松紧圆螺母的一种工具
卡簧钳（见图 5.56）	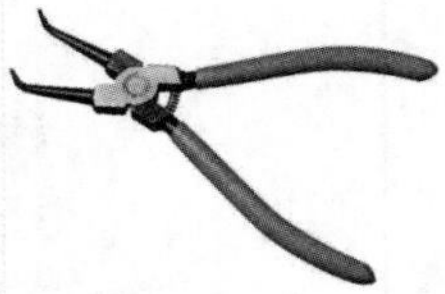 图 5.56　卡簧钳	卡簧钳主要用于安装卡簧，方便卡簧的安装，提高工作效率，能防止卡簧安装过程中伤手

防锈油（见图 5.57）	 　图 5.57　防锈油	防锈油是含有缓蚀剂的石油类制剂，用于金属制品防锈或封存的油品
黄铜棒（见图 5.58）	 　图 5.58　黄铜棒	在装配过程中为防止对零件造成损伤，可垫紫铜棒，传递力不造成设备表面损坏
零件盒（见图 5.59）	 　图 5.59　零件盒	零件盒也称元件盒，适合用于工厂、办公室各种小型零件、物料、文具用品等的存储

5.3.3　销零件的拆装工艺

序号	内容	拆卸工具
1	使用圆螺母扳手对 THMDZT-1 实训装置中减速器轴外紧固圆螺母进行拆卸（见图 5.60）	 　图 5.60　拆卸外紧固圆螺母
2	直接取下外紧固圆螺母（见图 5.61）	 　图 5.61　取下外紧固圆螺母
3	取出齿轮轴（见图 5.62）	 　图 5.62　取出齿轮轴

4	拆卸开箱体（见图 5.63）	图 5.63　拆卸开箱体
5	取出销，这就完成了零件的拆卸（见图 5.64）	图 5.64　取出销

子学习情境 5.4　常用减速器的安装与调试

 情境导入

常用减速器的安装与调试工作任务单

情　　　境	减速器及其零部件的装调				
学习任务	子学习情境 5.4：常用减速器安装与调试			完成时间	
任务完成	学习小组		组长	成员	
任务要求	掌握：1. 减速器的主要零件组成；2. 蜗杆减速器装配				
任务载体和资讯	减速器如图 5.65 所示 图 5.65　减速器			要求： 1. 固定联接部位必须保证联接牢固； 2. 旋转机构必须能灵活地转动，轴承间隙合适，润滑良好，润滑油不得有渗漏现象； 3. 锥齿轮副、蜗杆副的啮合侧隙和接触斑点必须达到规定的技术要求； 4. 各啮合副轴线之间应有正确的相对位置 资讯： 1. 减速器的功用及组成； 2. 减速器的装配工艺		
资料查询情况					
完成任务注意点	1. 轴承的装配规范，不能盲目敲打（通过钢套，用锤子均匀地敲打）； 2. 装配的规范化，合理的装配顺序，传动部件主次分明				

学习目标	学习内容	任务准备
1. 了解减速器的种类、组成 2. 了解减速器的工作原理 3. 了解减速器的装配方法	1. 减速器的组成 2. 减速器中蜗轮蜗杆的装配调整	1. 减速器的零件组成 2. 减速器的拆卸工具 3. 减速器的拆卸方法

5.4.1　减速器的组成

功用	减速器是原动机和工作机之间的独立的闭式传动装置，用来降低转速和增大转矩，以满足工作需要
特点	减速器结构简单紧凑、传动效率较高，传递运动准确可靠、使用维护简单方便，广泛应用于机器的传动机构
分类	圆柱齿轮减速器（见图5.66） 图 5.66　圆柱齿轮减速器 ／ 齿轮蜗杆减速器（见图5.67） 图 5.67　齿轮蜗杆减速器 蜗杆蜗轮减速器（见图5.68） 图 5.68　蜗杆蜗轮减速器 ／ 行星齿轮减速器（见图5.69） 图 5.69　行星齿轮减速器
组成	减速器主要由传动零件（齿轮或蜗杆）、轴、轴承、箱体及其附件组成。其基本结构有四大部分：齿轮、轴及轴承组合、箱体、减速器附件

5.4.2　齿轮、轴及轴承的组合

定义	小齿轮与轴制成一体，称齿轮轴
特点	传动精度高，工作平稳、无噪声、易于自锁、能传递较大的动力
应用	如果轴的直径为 d，齿轮齿根圆的直径为 d_f，则当 $d_f - d \leqslant (6\sim7)m_n$ 时，应采用这种结构。而当 $d_f - d > (6\sim7)m_n$ 时，采用齿轮与轴分开为两个零件的结构，如低速轴与大齿轮。此时齿轮与轴的周向定位采用平键联接，轴上零件利用轴肩、轴套和轴承盖作轴向定位。两轴均采用了深沟球轴承。这种组合用于承受径向载荷和不大的轴向载荷的情况。当轴向载荷较大时，应采用角接轴承、圆锥滚子轴承或深沟球轴承与推力轴承的组合结构
装配要求	利用齿轮旋转时溅起的稀油进行轴承润滑。箱座中油池的润滑油被旋转的齿轮溅起飞溅到箱盖的内壁上，沿内壁流到分箱面坡口后，通过导油槽流入轴承。当浸油齿轮圆周速度 $v \leqslant 2\text{m/s}$ 时，应采用润滑脂润滑轴承，为避免可能溅起的稀油冲掉润滑脂，可采用挡油环将其分开。为防止润滑油流失和外界灰尘进入箱内，在轴承端盖和外伸轴之间装有密封元件

5.4.3　箱体

定义	箱体是减速器的重要组成部件。它是传动零件的基座，应具有足够的强度和刚度
特点	箱体通常用灰铸铁制造，对于重载或有冲击载荷的减速器也可以采用铸钢箱体。单体生产的减速器，为了简化工艺、降低成本，可采用钢板焊接的箱体
应用	灰铸铁具有很好的铸造性能和减振性能。为了便于轴系部件的安装和拆卸，箱体制成沿轴心线水平剖分式，上箱盖和下箱体用螺栓联接成一体。轴承座的联接螺栓应尽量靠近轴承座孔，而轴承座旁的凸台应具有足够的承托面，以便放置联接螺栓，并保证旋紧螺栓时需要的扳手空间。为保证箱体具有足够的刚度，在轴承孔附近加支撑肋。为保证减速器底座的稳定性和减少箱体底座平面的机械加工面积，箱体底座一般不采用完整的平面

5.4.4　减速器的附件

为了保证减速器的正常工作，除了对齿轮、轴、轴承组合和箱体的结构设计给予足够的重视外，还应考虑到为减速器润滑油池注油、排油、检查油面高度、加工及拆装检修时箱盖与箱座的精确定位、吊装等辅助零件和部件的合理选择和设计

附件类别	检查孔	为检查传动零件的啮合情况，并向箱内注入润滑油，应在箱体的适当位置设置检查孔。检查孔设在上箱盖顶部能直接观察到齿轮啮合部位处。平时，检查孔的盖板用螺钉固定在箱盖上
	通气器	减速器工作时，箱体内温度升高，气体膨胀，压力增大，为使箱内热胀空气能自由排出，以保持箱内外压力平衡，不致使润滑油沿分箱面或轴伸密封件等其他缝隙渗漏，通常在箱体顶部装设通气器
	轴承盖	为固定轴系部件的轴向位置并承受轴向载荷，轴承座孔两端用轴承盖封闭。轴承盖有凸缘式和嵌入式两种。利用六角螺栓固定在箱体上，外伸轴处的轴承盖是通孔，其中装有密封装置。凸缘式轴承盖的优点是拆装、调整轴承方便，但和嵌入式轴承盖相比零件数目较多，尺寸较大，外观不平整
	定位销	为保证每次拆装箱盖时，仍保持轴承座孔制造加工时的精度，应在精加工轴承孔前，在箱盖与箱座的联接凸缘上配装定位销。安置在箱体纵向两侧联接凸缘上对称箱体应呈对称布置，以免错装
	油面指示器	检查减速器内油池油面的高度时，经常保持油池内有适量的油，一般在箱体便于观察、油面较稳定的部位，装设油面指示器
	放油螺塞	换油时，排放污油和清洗剂，应在箱座底部油池的最低位置处开设放油孔，平时用螺塞将放油孔堵住，放油螺塞和箱体接合面间应加防漏用的垫圈
	启箱螺钉	为加强密封效果，通常在装配时于箱体剖分面上涂以水玻璃或密封胶，因而在拆卸时往往因胶结紧密难于开盖。为此常在箱盖联接凸缘的适当位置，加工出 1～2 个螺孔，旋入启箱用的圆柱端或平端的启箱螺钉。旋动启箱螺钉便可将上箱盖顶起。小型减速器也可不设启箱螺钉，启盖时用起子撬开箱盖，启箱螺钉的大小可同于凸缘联接螺栓

5.4.5　蜗杆减速器的装配

蜗杆减速器装配	功用	特点	工作原理	蜗杆减速器的装配要求
	蜗杆减速器安装在原动机与工作机之间，用来降低原动机的转速和相应地改	蜗杆减速器的特点是在外廓尺寸不大的情况下，可以获得大的传动比，工作平稳，噪声较小。采用下蜗杆结构，能使啮合部位的润滑和冷却均较好；同时蜗杆轴承的润滑也很方便。为了便于检视齿轮的啮合情况及向箱体注入润滑油，	减速器的运动由原动机通过万向节传递，经蜗杆轴传至蜗轮。蜗轮安装在装有锥齿轮、调整垫圈的轴上。蜗轮的运动借助于轴上的平键传给锥齿轮副，最后由安装在锥齿轮轴上	1. 固定联接部位必须保证联接牢固； 2. 旋转机构必须能灵活地转动，轴承间隙合适，润滑良好，润滑油不得有渗漏现象； 3. 锥齿轮副、蜗杆副的啮合侧隙和接触斑点必须达到规定的技术要求；

变工作机的转矩	箱盖上设有窥视孔并装上盖板，以防止灰尘和杂物进入箱内	的圆柱齿轮传出与工作机相联接	4. 各啮合副轴线之间应有正确的相对位置

	零件的清洗、整形和补充加工	1. 零件的清洗主要是清除零件表面的防锈油、灰尘、切屑等污物，达到规定的清洁度； 2. 零件的整形，主要是机箱盖、轴承盖等铸件的不加工面，使其外形与箱体结合的部位外形一致，同时修锉零件上锐角、毛刺和工序运转中可能因碰撞而产生的印痕。这项工作往往容易被忽视，从而影响装配的质量； 3. 零件上的某些部位需要在装配时进行补充加工，例如，对箱体与箱盖、箱盖与盖板以及各轴承盖与箱体等的联接螺孔进行配钻销（见图5.70）  图5.70　蜗杆减速器

蜗杆减速器的装配工艺

零件的预装配	零件的预装配又称试配。对某些相配零件应先预装配，待配合达到要求后再拆下。在试配过程中，有时还要进行刮削、锉配等工作

组件的装配分析	如图5.71所示，由减速器的装配图可以看出，其中蜗杆轴、蜗轮轴和锥齿轮轴及其轴上的有关零件，虽然它们是独立的三个部分，然而从装配的角度看，除锥齿轮组件外，如图5.72所示，其余两根轴及其轴上所有的零件，都不能单独地进行装配 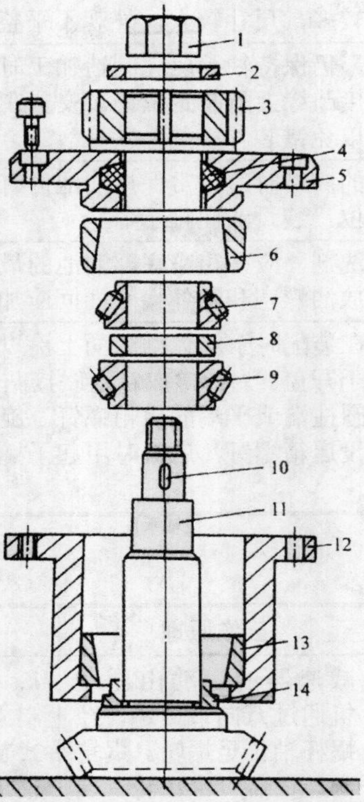 1—螺母；2—垫圈；3—齿轮；4—毛坯；5—轴承盖； 6,13—轴承外圈；7,9—轴承内圈；8—隔圈；10—键； 11—锥齿轮轴；12—轴承套；14—衬垫 图5.71　锥齿轮轴组件装配顺序图 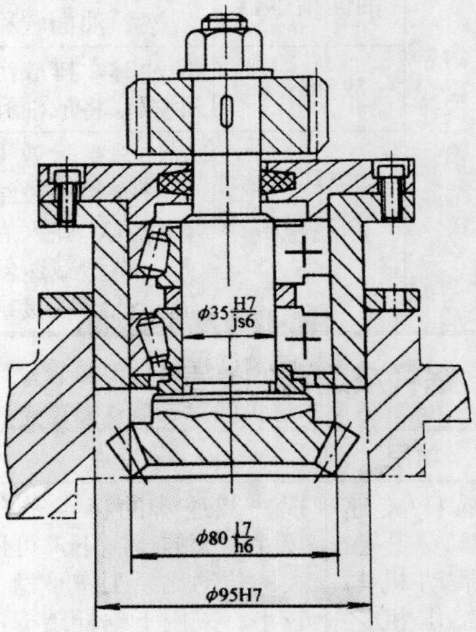　　　图5.72　锥齿轮轴组

表 5.1 所示为该组件的装配工艺卡

表 5.1　装配工艺卡

			装配技术要求		
（锥齿轮轴组件装配图）			1．组装时，各装入零件应符合图样要求 2．组装后锥齿轮应转动灵活，无轴向窜动		

工厂	装配工艺卡		产品编号	部件名称	装配图号
				轴承套	
车间名称	工段	班组	工序数量	部件数	净重
装修车间			4	1	

工序号	工步号	装配内容	设备	工艺装备 名称	工艺装备 编号	工人技术等级	工序时间
I	1	分组件装配： 锥齿轮轴与衬垫的装配； 以锥齿轮轴为基础，将衬垫套装在轴上					
II	1	分组件装配： 轴承套与轴承外圈的装配； 将已剪好的毛毯塞入轴承盖槽内					
III	1	分组件装配： 轴承套与轴承外圈的装配； 用专用量具分别检查轴承套孔与轴承外圈尺寸；					
	2	在配合面上涂上机油；					
	3	以轴承套为基准，将轴承外圈压入孔内至底面					
IV	1	轴承套组件装配：	压力机				
	2	以锥齿轮轴组件为基准，将轴承套分组件套装在轴上；					
	3	在配合面上加油，将轴承内圈压装在轴上，并紧贴衬垫；					
	4	套上隔圈，将另一轴承内圈压装在轴上，直至与隔套接触；将另一轴承外圈涂上油，轻压至轴承套内；					
	5	装入轴承盖组件，调整端面的高度，使轴承间隙符合要求后，旋紧三个螺钉；					
	6	安装平键，套装齿轮，垫圈，旋紧螺母，注意配合面加油；					
	7	检查锥齿轮轴转动的灵活性及轴向窜动					

编号	日期	签章	编号	日期	签章	编制	移交	批准	第　张

蜗杆减速器的总装与调整	在完成减速器各组件的装配后，即可进行总装工作。减速器的总装是从基准零件——箱体开始的。根据该减速器的结构特点，采用先装蜗杆，后装蜗轮的装配顺序
	1．将蜗杆组件（蜗杆与两轴承内圈的组合）首先装入箱体，如图 5.73 所示，然后从箱体孔的两端装入两轴承外圈，再装上右端轴承盖组件，并用螺钉旋紧。这时可轻轻敲击蜗杆轴端，使右端轴承消除间隙并贴紧轴承盖；再装入左端调整垫圈和轴承盖，并测量间隙，以便确定垫圈的厚度；最后将上述零件装入，用螺钉旋紧。为了使蜗杆装配后保持 0.01～0.02mm 的轴向间隙，可用百分表在轴的伸出端进行检查

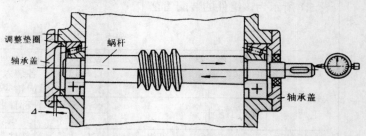

图 5.73　调整蜗杆轴的轴向间隙

2．将蜗轮轴组件及锥齿轮轴组件装入箱体。这项工作是该减速器装配的关键，装配后应满足两个基本要求：即蜗轮轮齿的中间平面应与蜗杆轴心线重合，以保证轮齿正确啮合；两锥齿轮的轴向位置要准确，以保证两锥齿轮的正确啮合。从装配图可知：蜗轮轴向位置由轴承盖的预留调整量来控制；锥齿轮的轴向位置由调整垫圈的尺寸控制。装配工作分为两步

1）预装配：

先将轴承内圈装入轴 4 的大端，在通过箱体孔时，装上蜗轮 5 以及轴承外圈、轴承套 3（以便于拆卸），如图 5.74 所示。移动轴 4，使蜗轮与蜗杆达到正确的啮合位置，用深度游标卡尺 2 测量尺寸 H，并调整轴承盖的台肩尺寸（台肩尺寸 $= H^0_{-0.02}$ mm）

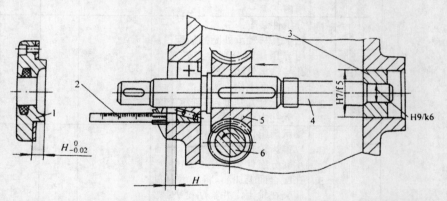

1—轴承盖；2—深度游标卡尺；3—轴承套（代替轴承）；4—轴；5—蜗轮；6—蜗杆
图 5.74　调整蜗轮示意图

如图 5.75 所示，将各有关零部件装入（后装锥齿轮轴组件），调整两锥齿轮位置使其正常啮合，分别测量 H_1 和 H_2，并调整好垫圈尺寸，然后卸下各零件

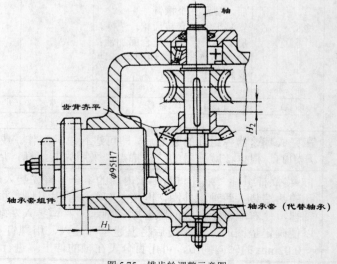

图 5.75　锥齿轮调整示意图

		2）最后装配：
		从大轴承孔方向将蜗轮轴装入，同时依次将键、蜗轮、垫圈（按 H_2）、锥齿轮、止动垫圈和圆螺母装在轴上。从箱体轴承孔的两端分别装入滚动轴承及轴承盖，用螺钉旋紧并调好轴承间隙。将零件装好后，用手转动蜗杆轴时，应灵活无阻滞现象
		将锥齿轮轴组件（包括轴承套组件）与调整垫圈尺寸按 H_1 一起装入箱体，用螺钉紧固复验齿轮啮合侧隙量，并做进一步调整
		3．在锥齿轮轴端安装万向节，用涂色法进行跑合，检验齿轮的接触斑点情况，并做必要的调整
		4．清理减速器内腔，保持清洁度要求，安装箱盖组件，注入润滑油，最后装上箱盖，联上万向节和电动机
		5．空运转试车。用手拨动万向节试转，一切符合要求后，接上电源，用电动机带动进行空运转试车。试车时，运转 30min 左右后，观察运转情况。此时，轴承的温度不能超过规定要求，齿轮无显著噪声，减速器符合装配后的各项技术要求

表 5.2　蜗杆减速器的总装工艺卡

	装配技术要求
蜗杆减速总装图	1．固定联接件必须保证将零、组件紧固在一起 2．传动机构必须转动灵活，轴承间隙合适，润滑良好 3．啮合零件的啮合必须符合图样要求 4．各轴线之间应有正确的相对位置

工厂	装配工艺卡		产品编号	部件名称		装配图号
				减速器		
车间名称	工段	班组	工序数量	部件数		净重
				名称	编号	
装修车间			5	1		

工序号	工步号	装配内容	设备	工艺装备		工人技术等级	工序时间
				名称	编号		
I	1	用专用量具分别检查箱体孔和轴承外圈尺寸；	压力机	卡规、塞规、百分表、磁性表座			
	2	从箱体孔两端装入轴承外圈；					
	3	装上右端轴承盖组件，并用螺钉旋紧，轻敲蜗杆轴端，使右端轴承消除间隙；					
	4	装入调整垫圈和左端轴承盖，并用百分表测量间隙确定垫圈厚度，最后将上述零件装入，用螺钉旋紧；					
	5	保证蜗杆轴向间隙为 0.01～0.02mm					
II		预装配：	压力机	卡规塞规			
	1	用专用量具测量轴承、轴等相配零件的外圈及孔尺寸；					
	2	将轴承装入蜗轮轴两端；					
	3	将蜗轮轴通过箱体孔，装上蜗轮、锥齿轮轴、轴承外圈、轴承套、轴承盖组件；					
	4	移动蜗轮轴，调整蜗杆与蜗轮正确啮合位置，测置轴承端面至孔端面距离 H，并调整轴承盖台肩尺寸（台肩尺寸= $H_{-0.02}^{0}$ mm）；		深度游标卡尺、内径千分尺、塞尺			
	5	装上蜗轮轴两端轴承盖，并用螺钉紧固；					
	6	装入轴承套组件，调整两锥齿轮正确的啮合位置（使齿背齐平）；					

左侧栏（跨多行）：蜗杆减速器的总装工艺卡（见表 5.2）

		7	分别测量轴承套组件肩面与孔端面的距离 H_1，以及锥齿轮端面与蜗轮端面的距离 H_2，并调好垫圈尺寸，然后卸下各零件								
	III	1	最后装配：从大轴孔方向装入蜗轮轴，同时依次将键、蜗轮、垫圈、锥齿轮、止动垫圈和圆螺母装在轴上。然后从箱体轴承孔两端分别装入滚动轴承及轴承盖，用螺钉旋紧并调好间隙，装好后，用手转动蜗杆时，应灵活无阻滞现象	压力机							
		2	将锥齿轮组件（包括轴承套组件）与调整垫圈一起装入箱体，并用螺钉紧固								
	IV	1	安装万向节清理内腔，注入润滑油，及安装箱盖零件								
	V	1	运转实验：联接电动机，接上电源，进行空车实验，运转 30min 后，要求齿轮无明显噪声，轴承温度不超过规定要求以及减速器符合装配后各项技术要求								
		编号	日期	签章	编号	日期	签章	编制	移交	批准	第 张

学习情境 6　二维工作台的装调

 学习目标

- 通过识读二维工作台的装配图样，理清零部件之间的装配关系，理解机构的运动原理及功能，并能根据图样中的技术要求，熟悉基本零部件的结构以及装配和调试方法等；
- 能够规范合理地写出二维工作台的装配工艺过程；
- 装配直线导轨和滚珠丝杠的过程规范、方法正确、使用工量具合理；
- 能够进行设备几何精度误差的准确测量和分析，并有效实施设备精度调整；
- 对常见故障能够进行判断分析；
- 学会典型的二维工作台的拆装；
- 学会二维工作台各零部件装配的特点。

子学习情境 6.1　直线导轨副的装调

情境导入

直线导轨副的装调工作任务单

情　　境	二维工作台装调				
学习任务	子学习情境 6.1：直线导轨副的装调			完成时间	
任务完成	学习小组		组长	成员	
任务要求	掌握：1. 装配直线导轨副的正确方法；2. 直线导轨副准确测量和分析，并实施设备精度调整				
任务载体和资讯	直线导轨副实物图如图 6.1 所示，直线导轨运动的作用是用来支撑和引导运动部件，按给定的方向做往复直线运动。依靠摩擦性质直线导轨可以分为滑动摩擦导轨、滚动摩擦导轨、弹性摩擦导轨、流体摩擦导轨等种类 图 6.1　直线导轨副			要求：找基准面，两直线导轨与基准面的平行度不可超差；两直线导轨平行度不可超差；两层直线导轨之间垂直度不可超差 资讯： 1. 直线导轨副的性能及装调技术要求； 2. 直线导轨副的精度调试方法	
资料查询情况					
完成任务注意点	直线导轨预紧时，螺钉的尾部应全部陷入沉孔，否则拖动滑块时螺钉尾部与滑块发生摩擦，将导致滑块损坏				

学习目标	学习内容	任务准备
1．了解导轨的基本知识 2．掌握直线导轨副的基本调试方法 3．掌握导轨的装调方法 4．熟悉导轨的特点、功能和应用	1．直线导轨副的基本知识 2．直线导轨副的调整	前期准备：直线导轨副的功用、分类、性能及装调技术要求；直线导轨副的精度测量及调整方法

知识链接

6.1.1　直线导轨副的性能及装调技术要求

直线导轨副的性能特点	直线导轨副安装、调试技术要求
1．定位精度高：滚动直线导轨的运动借助钢球滚动实现，导轨副摩擦阻力小，动静摩擦阻力差值小，低速时不易产生爬行。重复定位精度高，适合做频繁启动或换向的运动部件。可将机床定位精度设定到超微米级。同时根据需要，适当增加预载荷，确保钢球不发生滑动，实现平稳运动，减小了运动的冲击和振动	1．正确书写直线导轨副装配工艺过程
2．磨损小：滚动接触由于摩擦耗能小，滚动面的摩擦损耗也相应减少，故能使滚动直线导轨系统长期处于高精度状态。同时，由于使用润滑油也很少，使得机床的润滑系统设计及使用维护都变得非常容易	2．正确测量正直线导轨副与基准面的平行度
3．适应高速运动且大幅降低驱动功率：采用滚动直线导轨副的机床由于摩擦阻力小，可使所需的动力源及动力传递机构小型化，使驱动扭矩大大减少，使机床所需电力降低80%，节能效果明显。可实现机床的高速运动，机床的工作效率提高20%～30%	3．正确测量、调整两直线导轨间的平行度
4．承载能力力强：滚动直线导轨副具有较好的承载不同载荷的性能，可以承受不同的力和力矩载荷，如承受左右方向的力，以及颠簸力矩、摇动力矩和摆动力矩。因此，具有很好的载荷适应性	4．正确掌握直线导轨副紧固螺钉的装配顺序
5．组装容易并具有互换性：滚动导轨具有互换性，只要更换滑块、导轨或整个滚动导轨副，机床即可重新获得高精度	

6.1.2　直线导轨副的精度调试方法

	定义	导轨在垂直面内直线度的调试方法	特点	注意
导轨直线度	导轨直线度是指组成V形（或矩形）导轨的平面与垂直平面（或水平面）交线的直线度，且常以交线在垂直平面和水平平面内的直线度体现出来，如图6.2所示	1．水平仪调试法：用水平仪调整导轨在垂直平面内直线度误差。调试过程需要分步进行调试，不能太急，慢慢地调试才能获得较高的精确度	如图6.3所示，若被测量导轨安装在纵向（沿测量方向）对自然水平有较大的倾斜时，可在水平仪1和桥板2之间垫一些薄片4。调试的目的只是为了求出各挡之间倾斜度的变化，因而垫薄片后对评定结果并无影响。 1—水平仪；2—桥板；3—被测表面；4—薄片 图6.3　使水平仪适应被测表面的方法	若被调试的导轨安装在横向（垂直于测量方向）对自然水平有较大倾斜时，必须严格保证桥板是沿一条直线移动的，否则横向的安装水平误差将会反映到水平仪示值中去

		2. 自准直仪调试法：自准直仪是按节距法原理进行调试	在调试时，如图 6.4 所示，自准直仪 1 固定在被测导轨 4 一端，而反射镜 3 则放在检验桥板 2 上，沿被测导轨逐挡移动进行调试，读数所反映的是检验桥板倾斜度的变化 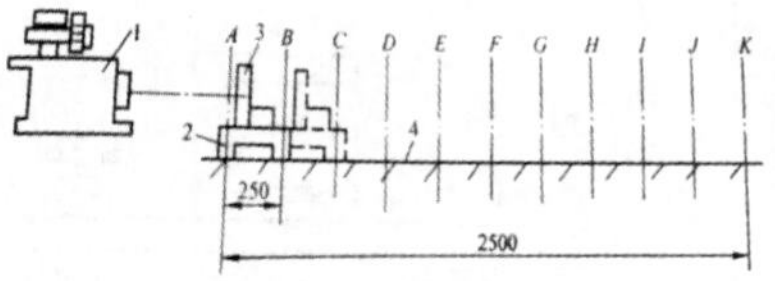	当调试导轨在垂直平面内的直线误差时，需要测量的是检验桥板在垂直平面内倾斜度的变化，若所用仪器为光学平直仪，则读数筒应放在向前的位置
直线误差度	 图 6.2　导轨在垂直面内的直线度误差		 1—自准直仪；2—检验桥板；3—反射镜；4—被测导轨 图 6.4　自准直仪调试导轨	
	如图 6.5 所示，在既定平面内，包容实际线的两平行直线的最小区域宽度即为直线度误差 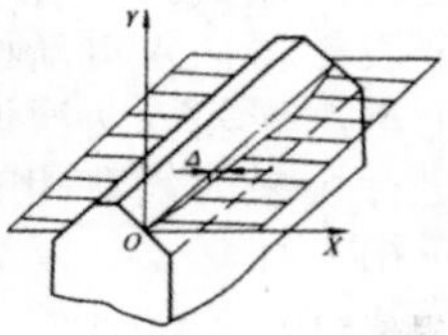 图 6.5　导轨在水平面内的直线度误差	**导轨在水平面内直线度的调试方法**	**特点**	**注意**
		检验棒或平尺调试法：以检验棒或平尺为调试基准，用百分表进行调试。在被测导轨的侧面架起检验棒或平尺，用百分表固定在仪表座上，百分表的侧头顶在检验棒的侧母线上	首先将检验棒或平尺调整到和被测导轨平行，即百分表读数在检验棒两端点一致。然后移动仪表座进行调试，百分表读数的最大代数差就是被测导轨在水平面内相对于两端连线的直线度误差，如图 6.6 所示 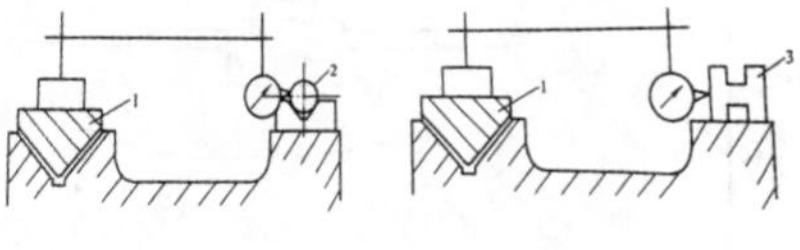 1—桥板；2—检验棒；3—平尺 图 6.6　检验棒或平尺调试	若需要按最小条件评定，则应在导轨全长上等距测量若干点，然后再做基准转换
		1. 自准直仪调试法：可以调试导轨在平面内的直线度	这时需要光学平直仪进行调试	
		2. 钢丝调试法：钢丝经充分拉紧后，从理论上讲可以认为是直线度好的，可以作为调试的标准	如图 6.7 所示，拉紧钢丝，平行于被调试导轨，在仪表座上有一个微量移动显微镜，将仪表座延长进行移动调试。钢丝调试法的主要优点：测距可达 20 余米，一般的只要 5 米就可以了，所需的条件简单，容易实现 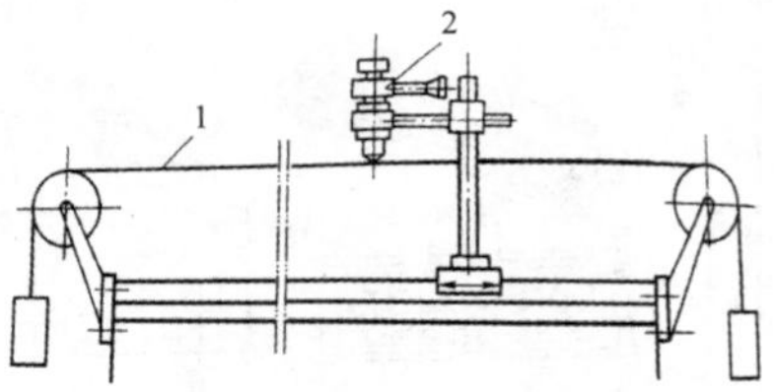 1—细钢丝；2—显微镜 图 6.7　钢丝测量法	导轨在水平面内的直线度误差以显微镜读数最大代数差计

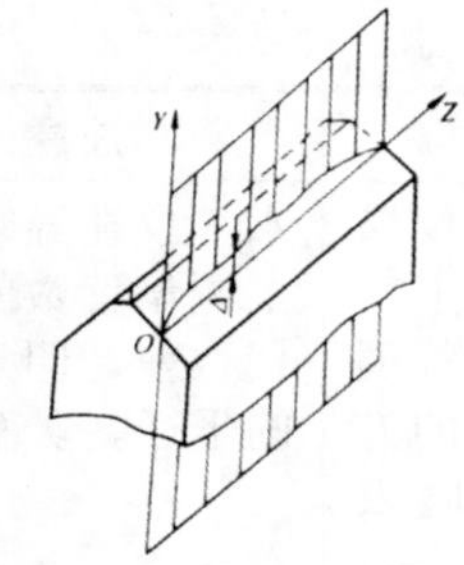

6.1.3 导轨的平行度调试

	定义	导轨的平行度的调试方法	特点	注意
导轨的平行度	形位公差规定在给定方向上平行于基准面、相距为公差值的两平面之间的区域即为平行度公差带	1. 用水平仪调试 V 形导轨与平面在垂直平面内的平行度，如图 6.8 所示 图 6.8　用水平仪检验导轨平行度	调试时，将水平仪横向放在专用桥板上，移动桥板逐点进行调试，其误差计算的方法用角度偏差值表示，如 0.02/1000 等	水平仪在导轨全长上测量读数的最大代数差，即为导轨的平行度误差
平行度误差	平行度的允许误差与测量长度有关，一般在 300mm 长度上的允许误差为 ±0.02mm 等，调试较长导轨时，还要规定局部允许误差	2. 部件间的平行度的调试，如图 6.9 所示为车床主轴锥孔中心线对床身导轨平行度的检验方法 图 6.9　主轴锥孔中心线对导轨平行度检验	在主轴锥孔中插一根检验棒，百分表固定在轴线相距为公差值的两平行面之间的溜板上，在指定长度内移动溜板，用百分表分别在检验棒的上母线 a 和侧母线 b 进行检验。a 和 b 的测量结果分别以百分表读数的最大差值表示	为消除检验棒圆柱部分与锥体部分的同轴度误差，第一次调试后，将检验棒拔去，转 180° 再插入重新检验。误差以两次调试结果的代数和的一半计算

6.1.4 导轨平面度的调试方法

	定义	导轨的平面度的调试方法	特点	注意
导轨的平面度	在导轨的平面度调试中，按照国家标准，调试工作台面在各个方向上的直线度误差后，选择其中一个直线度误差作为工作台面的平面度误差	1. 平板研点法	这种方法在中小台面利用标准平板，涂色后对台面进行研点，检查接触半点的分布情况，以证明台面的平面度情况	本方法使用工具最简单，但不能得出平面度误差数据，平板最好采用 0～1 级精度的标准平板
		2. 塞尺检查法 图 6.10　塞尺检查法	用一根相应长度的平尺，精度为 0～1 级。在台面上放两个等高垫块，平尺放在垫块上，用块规或塞尺检查工作台面至平尺工作面的间隙，或用平行平尺和百分表测量，如图 6.10 所示	
		3. 光线基准法：采用经纬仪等光学仪器，通过光线扫描方法来建立测量基准平面	光线基准法的数据处理与调整都很方便，测量效率高，只是受仪器精度的限制，其测量精度不高。调试时，将调试	此方法要求三点相距尽可能远一些，如图 6.11 所示的 I、II、III 三点，调整仪器扫描

	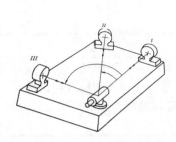 图 6.11　光线扫描法测量平面度	仪器放在被测工件表面上，这样被测表面位置变动对测量结果没有影响，只是仪器放置部位的表面不能测量。测量仪器也可放置于被测表面外，这样就能测出全部的被测表面，但被测表面位置的变动会影响测量结果。因此，在测量过程中，要保持被测表面的原始位置	平面位置，使之与上述所建立的平面平行，即靶标在这三点时，仪器的读数应相等，从而建立基准平面，然后再测出被测表面上各点的相对高度，便可得到该表面的平面度误差的原始数据

子学习情境 6.2　丝杠螺母机构的装调

丝杠螺母机构的装调工作任务单

情　　境	二维工作台装调				
学习任务	子学习情境 6.2：丝杠螺母机构的装调			完成时间	
任务完成	学习小组		组长	成员	
任务要求	掌握：1．装配滚珠丝杠的过程规范、方法正确；2．能够进行设备准确测量和分析，并实施设备精度调整，合理使用工、量具				
任务载体和资讯	丝杠螺母机构如图 6.12 所示，主要是将旋转运动变成直线运动，同时进行能量和力的传递，或调整零件的相互位置 图 6.12　丝杠螺母机构			要求：选择合理的工具及工艺，完成丝杠组件的安装，螺钉拧紧可靠并达到精度要求 资讯： 1．轴承的安装方式； 2．丝杠轴心线相对于两直线导轨的平行度； 3．调整丝杠相对两导轨对称度	
资料查询情况					
完成任务注意点	滚珠丝杆的螺母禁止旋出丝杆，否则将导致螺母损坏。轴承的安装方向必须正确				

 **任务描述**

学习目标	学习内容	任务准备
1．掌握丝杠螺母副传动机构的基本知识 2．掌握丝杠直线度误差的检查与校直 3．掌握丝杠螺母副配合间隙的测量与调整 4．装配滚珠丝杠的过程规范、方法正确	1．丝杠螺母副传动机构的基本知识 2．丝杠直线度误差的检查与校直 3．丝杠螺母副配合间隙的测量与调整	前期准备：丝杠螺母传动机构的特点、应用及装配要求；丝杠机构的精度检查与调整

 **知识链接**

6.2.1 丝杠螺母传动机构

定义	丝杠螺母传动机构主要是将旋转运动变成直线运动，同时进行运动和力的传递，或调整零件的相互位置
特点	传动精度高，工作平稳、无噪声、易于自锁、能传递较大的动力
应用	车床的纵、横向进给机构，钳工的台虎钳等
装配要求	1．保证径向和轴向配合间隙达到规定要求； 2．丝杠与螺母同轴度及丝杠轴线与基准面的平行度应符合规定要求； 3．丝杠与螺母相互转动应灵活，在旋转过程中无时松时紧和阻滞现象； 4．丝杠的回转精度应在规定范围内

6.2.2 丝杠直线度误差的检查与校正

检查	校正	注意
将丝杠擦净，放在钳工的水平台上，通过光线透过间隙，检查其母线与工作体面的缝隙是否均匀，转过90°继续进行检查，不能出现弯曲现象，否则不能使用	校直时将丝杠的弯曲点置于两V形架的中间，然后在螺旋压力机上，沿弯曲点和弯曲方向的反向施力F，就可使弯曲部分产生塑性变形而达到校直的目的（见图6.13） 图6.13 支承点和施力点的位置	在校直丝杠时，丝杠被反向压弯（见图6.14），把最低点与底面的距离C测量出来，并记录下来，然后去掉外力F，用百分表（最好用圆片式测头）测量其弯曲度（见图6.15），如果丝杠还未被校直，可加大施力，并参考上次的C值，来决定本次C值的大小 图6.14 校直时的测量 图6.15 丝杠挠度的检测

6.2.3 丝杠螺母副配合间隙的测量及调整

配合间隙包括径向和轴向两种。轴向间隙直接影响丝杠螺母副的传动精度，因此需采用消隙机构予以调整。但测量时径向间隙比轴向间隙更易准确反映丝杠螺母副的配合精度，所以配合间隙常用径向间隙表示

径向间隙的测量	将螺母旋在丝杠上的适当位置，为避免丝杠产生弹性变形，螺母离丝杠一端约(3~5)P，把百分表测量头触及螺母上部，然后用稍大于螺母重量的力提起和压下螺母，此时百分表读数的代数差即为径向间隙（见图6.16） 1—螺母；2—丝杠 图 6.16　径向间隙的测量
径向间隙的调整 单螺母结构	磨刀机上常采用如图 6.17 所示机构，使螺母与丝杠始终保持单向接触。装配时可调整或选择适当的弹簧拉力、液压缸压力、重锤质量，以消除轴向间隙。单螺母结构中消隙机构的消隙力方向与切削分力 F_X 方向必须一致，以防进给时产生爬行，而影响进给精度 Ⅰ放大 （a）弹簧拉力消隙机构　（b）液压缸压力消隙机构　（c）重锤重力消隙机构 1—丝杠；2—弹簧；3—螺母；4—砂轮架；5—液压缸；6—重锤 图 6.17　单螺母消隙机构
双螺母结构	如图 6.18 所示，双螺母1、2 的调整，可以调整轴向相对位置。双螺母调整以消除与丝杠之间的轴向间隙并实现预紧。图 6.18（b）为双螺钉斜面消隙机构，其调整方法是：拧松螺钉 2，再拧动螺钉 1，使斜楔向上移动，以推动带斜面的螺母右移，从而消除轴向间隙。调好后再用螺钉 2 将锁紧螺母锁紧。图 6.18（c）是双螺母消隙机构，调整时先松开螺钉，再拧动调整螺母 1，消除螺母 2 与丝杠间隙后，旋紧螺钉 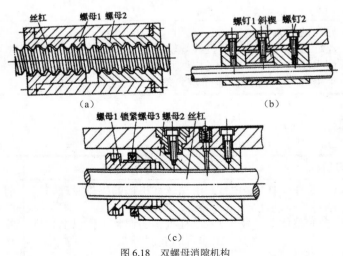 （a）　　　（b）　　　（c） 图 6.18　双螺母消隙机构

子学习情境 6.3　二维工作台的整体装调

情境导入

二维工作台的整体装调工作任务单

情　　境	二维工作台装调				
学习任务	子学习情境 6.3 二维工作台的整体装调			完成时间	
任务完成	学习小组		组长	成员	
任务要求	掌握：1. 丝杠螺母和滚珠丝杠机构的工作原理、运动特点、功能和应用； 　　　2. 丝杠机构的调整工作以及二维工作台的装调				
任务载体 和资讯	如图 6.19 所示，二维工作台主要由底板、中滑板、上滑板、直线导轨副、滚珠丝杠副、轴承座、圆螺母、限位开关、手轮、齿轮、等高垫块、轴端挡圈、导轨基准块、导轨定位块、轴用弹簧挡圈、角接触轴承、深沟球轴承、螺栓、弹簧垫圈、平垫圈等组成 <div align="center">滚珠丝杠副　　上滑板　　中滑板 直线导轨副 下滑板 轴承座 等高垫块　导轨定位块</div> <div align="center">图 6.19　二维工作台</div>			要求：根据"二维工作台"装配图，使用相关工量具，进行二维工作台的装配与调试，并达到图纸技术要求 资讯： 1. 两导轨的安装及检测； 2. 丝杠组件的合理安装； 3. 中滑板的安装与测量； 4. 上滑板的安装与测量		
资料查询 情况					
完成任务 注意点	1. 导轨的平行度允差； 2. 丝杠轴心线相对于两直线导轨的平行度允差； 3. 调整丝杠相对两导轨对称度允差； 4. 上/中滑板与螺母支座间隙允差				

任务描述

学习目标	学习内容	任务准备
1. 掌握丝杠螺母和滚珠丝杠机构的工作原理、运动特点、功能 2. 掌握二维工作台的整体安装及测量方法 3. 能够进行故障诊断及排除	1. 滚珠丝杠机构的工作原理、运动特点、功能 2. 丝杠机构的调整工作以及二维工作台的装调	前期准备：二维工作台的整体组成结构，各机构的装配关系及检测调整方法

6.3.1　滚珠丝杠螺母副的装调

滚珠丝杠传动系统	特点	注意
滚珠丝杠传动系统是一个以滚珠作为滚动媒介的滚动螺旋传动的体系	1. 传动效率高。滚珠丝杠传动系统的传动功率高达 90%～98%，为传统的滑动丝杠系统的 2～4 倍。所以能以较小的扭矩得到较大的推力，亦可由直线运动转为旋转运动（运动可逆）。高速滚珠丝杠副是指能适应高速化要求（40m/min 以上）满足承载要求且能精密定位的滚珠丝杠副，是实现数控机床高速化首选的传动与定位部件	1. 滚动螺旋传动逆转率高，不能自锁。为了使螺旋副受力后不逆转，应考虑设置防逆转装置，如采用制动电机、步进电机，在传动系统中设有能够自锁的机构（如蜗杆传动）；在螺母、丝杠或传动系统中装设单向离合器、双向离合器、制动器等。选用离合器时，必须注意其可靠性
	2. 运动平稳。滚珠丝杠传动系统为点接触滚动运动，工作中摩擦阻力小，灵敏度高、启动时无颤动、低速时无爬行现象，因此可精密地控制微量进给	2. 在滚动螺旋传动中，特别是垂直传动，容易发生螺母脱出造成事故，安装时必须考虑防止螺母脱出的安全装置
	3. 高精度。滚珠丝杠传动系统运动中温升较小，并可预紧消除轴向间隙和对丝杠进行预拉伸以补偿热伸长，因此可以获得较高的定位精度和重复定位精度	3. 为了防止造成丝杠传动系统的任何失位，保证传动精度，提高丝杠系统的刚度是重要的，而要提高螺母的接触刚度，必须施加一定的预紧载荷。施加了预紧载荷后，摩擦转矩增加，并使工作时的温度提高。因此必须恰当地确定预紧载荷（最大不得超过 10%的额定动载荷）以便在满足精度和刚度的同时，获得最佳的寿命和较低的温升效应
	4. 高耐热性。钢球滚动接触处均经硬化（HRC58～63）处理，并经精密磨削，循环体系过程纯属滚动，相对磨损甚微，故具有较高的使用寿命和精度保持性	
	5. 同步性好。由于运动平稳、反应灵敏、无阻滞、无滑移，用几套相同的滚珠丝杠传动系统同时传动几个相同的部件或装置，可以获得很好的同步效果	
	6. 高可靠性。与其他机械传动、液压传动相比，滚珠丝杠传动系统故障率很低，维修保养也较简单，只需进行一般的润滑和防尘。特殊场合时可在无润滑状态下工作	
	7. 无背隙与高刚性。滚珠丝杠传动系统采用歌德式沟槽形状，使钢球与沟槽达到最佳接触以便轻易运转，若加入适当的预紧力，消除轴向间隙，可使滚珠有更佳的刚性，减少滚珠和螺母、丝杠间的弹性变形，达到更好的精度	

6.3.2　滚珠丝杠的支承方式

支承方式	适用特点
固定—固定（见图 6.20） 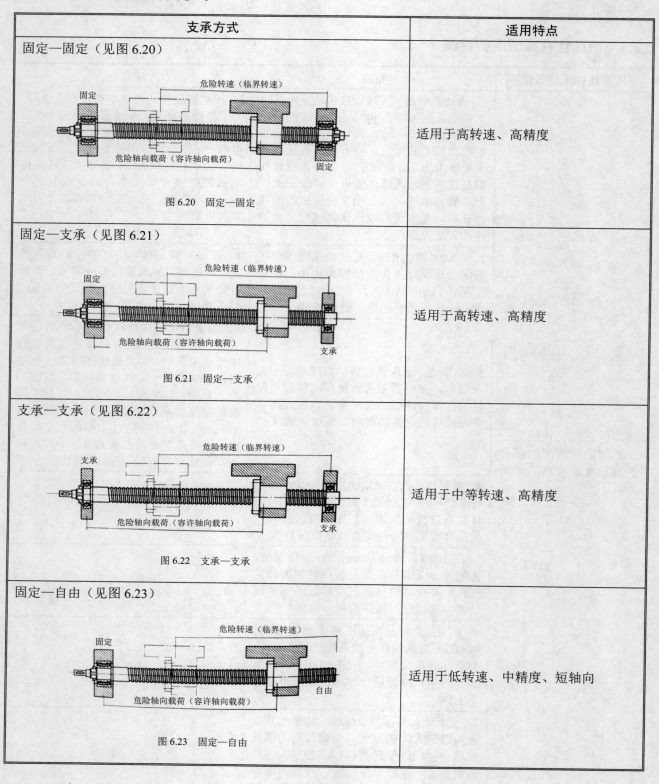 图 6.20　固定—固定	适用于高转速、高精度
固定—支承（见图 6.21） 图 6.21　固定—支承	适用于高转速、高精度
支承—支承（见图 6.22） 图 6.22　支承—支承	适用于中等转速、高精度
固定—自由（见图 6.23） 图 6.23　固定—自由	适用于低转速、中精度、短轴向

6.3.3 二维工作台的整体安装步骤

步骤	示意图	说明
第一步 清理安装面 （下滑板） （见图 6.24）	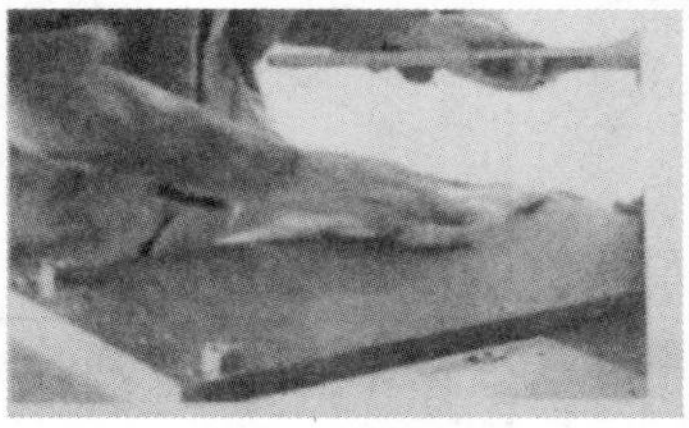 图 6.24 清理安装面	安装前务必用油石和棉布等清除安装面上的加工毛刺及污物
第二步 安装直线导轨副 （见图 6.25）	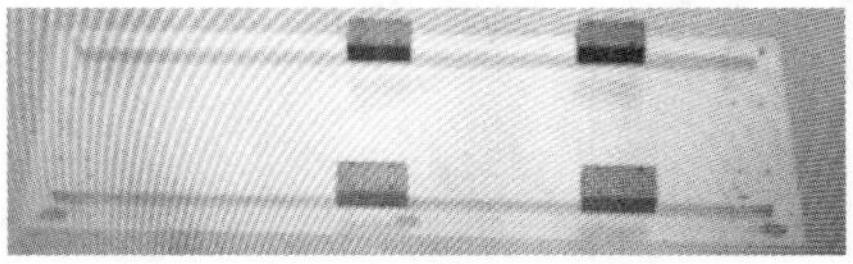 图 6.25 安装直线导轨副	以底板的侧面（磨削面）为基准面，将直线导轨中的一根放到底板上，使导轨的两端靠在底板上的导轨定位基准块上，调整直线导轨与导轨定位基准块之间的调整垫片，使之达到图样要求。用杠杆式百分表测量并进行调整，使得导轨与基准面之间的平行度符合要求，将导轨固定在底板上，并压紧导轨定位装置。同样的方法安装另一根导轨，同时增减调整垫片的厚度，使得两导轨平行度符合要求
第三步 安装丝杠 螺母机构 （见图 6.26）	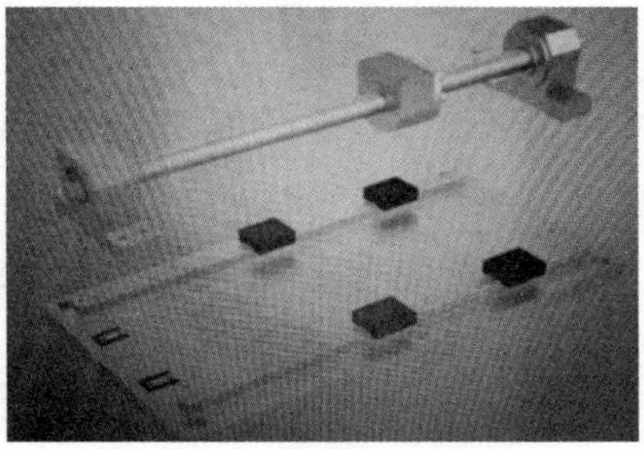 图 6.26 安装丝杠螺母机构	将螺母支座固定在丝杠的螺母上，端盖、轴承内隔圈、轴承外隔圈、角接触轴承、轴用卡簧、轴承分别安装在丝杠相应位置，将两轴承座分别安装在丝杠上并固定。轴承座预紧在底板上，在丝杠主动端安装限位套管、圆螺母、齿轮、外六角螺钉、轴端挡圈和键。分别将丝杠螺母移动到丝杠的两端，用杠杆百分表判断两轴承座的中心是否等高，将丝杠螺母移动到丝杠的两端，调整丝杠与直线导轨平行
第四步 安装中滑板 （见图 6.27）	 图 6.27 安装中滑板	将等高块分别放在直线导轨滑块上，将中滑板放在等高块上（侧面经过磨削的面朝向操作者的左边），调整滑块的位置。将中滑板和螺母支座预紧在一起。用塞尺测量丝杠螺母支座与中滑板之间的间隙大小，利用调整垫片进行间隙调整。将中滑板上的螺栓预紧，利用百分表和角尺调整中滑板上的导轨与底板的导轨垂直
第五步 安装中滑板上的 直线导轨副 （见图 6.28）	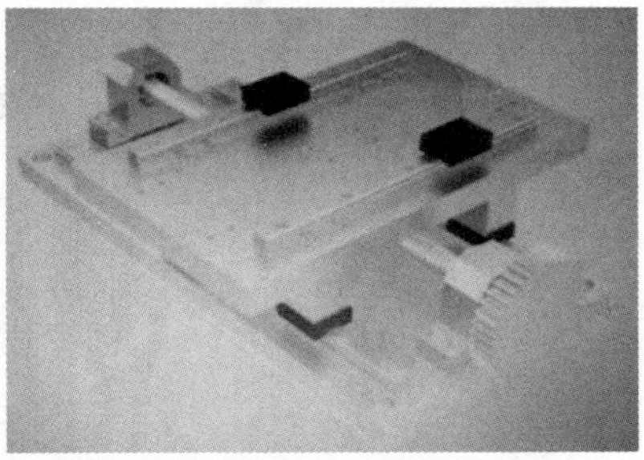 图 6.28 安装中滑板上的直线导轨副	安装第二副直线导轨

第六步 安装丝杠螺母 副机构 （见图 6.29）	 图 6.29　安装丝杠螺母副机构	安装丝杠螺母副机构
第七步 安装上滑板 （见图 6.30）	 图 6.30　安装上滑板	安装上滑板

学习情境 7 THMDZT-1A 型机械装置的装调

 **学习目标**

- 了解并熟悉 THMDZT-1A 型机械装置的结构、工作原理;
- 掌握 THMDZT-1A 型机械装置的运行原理,并学会分析 THMDZT-1A 型机械装置中的一些传动特点;
- 熟悉 THMDZT-1A 机械装置及其零配件的装调要求;
- 对常见故障能够进行判断分析;
- 学会典型的零部件的拆装;
- 熟悉各零部件装配的特点。

子学习情境 7.1 变速箱的装调

情境导入

变速箱的装调工作任务单

情　　境	THMDZT-1A 型机械装置的装调				
学习任务	子学习情境 7.1:变速箱的装调			完成时间	
任务完成	学习小组		组长	成员	
任务要求	掌握:1. 变速箱的主要功能及作用;2. 变速箱的装配工艺顺序				
任务载体和资讯	如图 7.1 所示,变速箱分为手动、自动两种。手动变速箱主要由齿轮和轴组成,通过不同的齿轮组合产生变速变矩;而自动变速箱是由液力变扭器、行星齿轮和液压操纵系统组成,通过液力传递和齿轮组合的方式来达到变速变矩。THMDZT-1A 型实训装置中的变速箱具有双轴三级变速输出,其中一轴输出带正反转功能,主要由箱体、齿轮、花键轴、间隔套、键、角接触轴承、深沟球轴承、卡簧、端盖、手动换挡机构等组成 图 7.1　变速箱				要求:能够读懂变速箱的部件装配图,通过装配图,能够清楚零件之间的装配关系、机构的运动原理及功能,理解图样中的技术要求、基本零件的结构装配方法,以及轴承、齿轮精度的调整 资讯: 1. 变速器的装配工艺过程; 2. 轴承的装配; 3. 齿轮的装配

资料查询情况	
完成任务注意点	1．按照装配图装配变速箱； 2．避免变速箱的齿轮配合错误

任务描述

学习目标	学习内容	任务准备
1．了解变速箱的组成 2．掌握变速箱的工作原理 3．掌握变速箱的装配方法	1．变速箱齿轮的组合方式 2．变速箱的装配调整	1．变速器的结构 2．变速箱工作原理 3．变速器的装配要求

知识链接

7.1.1　变速箱的装配设备及常用工具

名称	示意图	说明
THMDZT-1A 实训装置 （见图 7.2）	图 7.2　THMDZT-1A 实训装置	
内六角板手 （见图 7.3）	图 7.3　内六角扳手	内六角扳手又称艾伦扳手，是一种拧紧或旋松头部带内六角螺丝的工具
橡胶锤 （见图 7.4）	图 7.4　橡胶锤	橡胶锤是一种用橡胶制成锤子，敲击时可以防止被敲击对象变形
螺钉旋具 （见图 7.5）	图 7.5　螺钉旋具	螺钉旋具是一种拧紧或旋松头部带一字或十字槽螺钉的工具
拉马 （见图 7.6）	图 7.6　拉马	三爪拉马是机械维修中经常使用的工具，主要用来将损坏的轴承从轴上沿轴向拆卸下来，由旋柄、螺旋杆和拉爪构成

活动扳手 （见图 7.7）	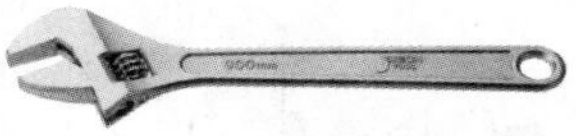 图 7.7　活动扳手	活动扳手是用来紧固和起松螺母的一种工具
圆螺母扳手 （见图 7.8）	图 7.8　圆螺母扳手	圆螺母扳手是用来松紧螺母的一种工具
卡簧钳 （见图 7.9）	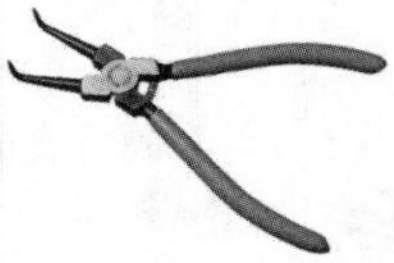 图 7.9　卡簧钳	卡簧钳主要用于安装卡簧，方便卡簧的安装，提高工作效率，能防止卡簧安装过程中伤手
防锈油 （见图 7.10）	 图 7.10　防锈油	防锈油是含有缓蚀剂的石油类制剂，用于金属制品防锈或封存的油品
紫铜棒 （见图 7.11）	 图 7.11　紫铜棒	在装配过程中为防止对零件造成损伤，可垫紫铜棒，传递力不造成设备表面损坏
零件盒 （见图 7.12）	 图 7.12　零件盒	零件盒也称元件盒，适合工厂、办公室各种小型零件、物料、文具用品等的存储使用

7.1.2　装配变速箱的操作步骤

步骤	示意图	说明
第一步 连接变速箱底板和变速箱箱体 （见图 7.13）	 图 7.13　连接变速箱底板和变速箱箱体	用内六角螺钉（M8×25）加弹簧垫圈，把变速箱底板和变速箱箱体连接

第二步 安装固定轴 （见图7.14）	图 7.14　安装固定轴	用冲击套筒把深沟球轴承压装到固定轴一端，固定轴的另一端从变速箱箱体的相应内孔中穿过，把第一个键槽装上键，安装上齿轮，装好齿轮套筒，再把第二个键槽装上键并装上齿轮，装紧两个圆螺母（双螺母锁紧），挤压深沟球轴承的内圈把轴承安装在轴上，最后打上两端的闷盖，闷盖与箱体之间通过测量增加青稞纸，游动端不用测量直接增加0.3 mm厚的青稞纸
第三步 安装主轴 （见图7.15）	图 7.15　安装主轴	将两个角接触轴承（按背靠背的装配方法）安装在轴上，中间加轴承内、外圈套筒。安装轴承座套和轴承透盖，轴承座套和轴承透盖之间通过测量增加厚度最接近的青稞纸。将轴端挡圈固定在轴上，按顺序安装四个齿轮和齿轮中间的齿轮套筒后，装紧两个圆螺母，轴承座套固定在箱体上，挤压深沟球轴承的内圈，把轴承安装在轴上。装上轴承闷盖，闷盖与箱体之间增加 0.3mm 厚度的青稞纸，套上轴承内圈预紧套筒，最后通过调整圆螺母来调整两角接触轴承的预紧力
第四步 安装花键 导向轴 （见图7.16）	 图 7.16　安装花键导向轴	把两个角接触轴承（按背靠背的装配方法）安装在轴上，中间加轴承内、外圈套筒。安装轴承座套和轴承透盖。轴承座套与轴承透盖之间通过测量增加厚度最接近的青稞纸。然后安装滑移齿轮，轴承座套固定在箱体上，挤压轴承的内圈把深沟球轴承安装在轴上，装上轴用弹性挡圈和轴承闷盖，闷盖与箱体之间增加 0.3 mm 厚度的青稞纸。套上轴承内圈预紧套筒，最后通过调整圆螺母来调整两角接触轴承的预紧力
第五步 安装滑块拨叉 （见图7.17）	图 7.17　安装滑块拨叉	把拨叉安装在滑块上，安装滑块滑动导向轴，装上 $\phi8$ 的钢球，放入弹簧，盖上弹簧顶盖，装上滑块拨杆和胶木球。调整两滑块拨杆的左右距离来调整齿轮的错位
第六步 安装上封盖 （见图7.18）	 图 7.18　安装上封盖	把三块有机玻璃固定到变速箱箱体顶端

第七步 安装固定端透盖 （见图 7.19）	 图 7.19　安装固定端透盖	把固定端透盖的四个螺钉预紧，用塞尺检测透盖与轴承室的间隙，选用深度尺测量端面与轴承间距离，再测量法兰盘凸台高度
	 图 7.20　加装垫片	另一种方法是选择一种厚度最接近间隙大小的青稞纸垫片，如图 7.20 所示，选择青稞纸垫片厚度不应超过塞尺厚度，安装在透盖与轴承室之间
第八步 安装游动端闷盖 （见图 7.21）	图 7.21　安装游动端闷盖	安装游动端闷盖，选择 0.3mm 厚度的青稞纸，安装在闷盖与变速箱侧板之间。螺钉对称装配，对称拆卸，最后拧紧

7.1.3　齿轮的精度检测方法

	定义	变速箱齿轮精度调试方法	特点	注意
齿轮精度	分析性检测俗称单项检测，一般含括齿形齿向，公法线及变动量，径向跳动，基节偏差，周节累积误差等等	功能性检测也叫综合检测，这个需要一个测量仪器，相对齿形齿向检测仪要廉价得多，比较适合精度要求不是太高的大批量检测。用已经知道精度的标准齿轮（一般精度在 5.5 至 6 级左右）来检测被测齿轮，因为标准齿轮的精度相对被测齿轮来说精度较高，所以把检测出来的偏差认为是被测零件的加工误差	此种检测方法主要是齿形齿向检测要齿轮检测仪	此种检测方法需要专门的测量工具和检测仪器，所以有的小型加工企业不能够检测

7.1.4　变速箱的精度检测方法

精度调整项目	步骤	示意图	说明
检测调整齿轮啮合面宽度差（见图7.22~图7.27）	第一步	 图7.22　用塞尺等工具检测错位值（1） 　图7.23　用塞尺等工具检测错位值（2）	齿轮与齿轮之间有明显的错位，用塞尺等工具检测错位值
	第二步	 图7.24　两啮合齿轮啮合面宽度差调整（1） 　图7.25　两啮合齿轮啮合面宽度差调整（2）	通过紧挡圈、松圆螺母和松挡圈、紧圆螺母的方法进行两啮合齿轮啮合面宽度差的调整
	第三步	 图7.26　两啮合齿轮啮合面宽度差调整（3） 　图7.27　两啮合齿轮啮合面宽度差调整（4）	通过调整滑块滑动导向轴的左右位置进行两啮合齿轮啮合面宽度差调整
检测轴的回转精度（见图7.28）	检测轴的径向跳动	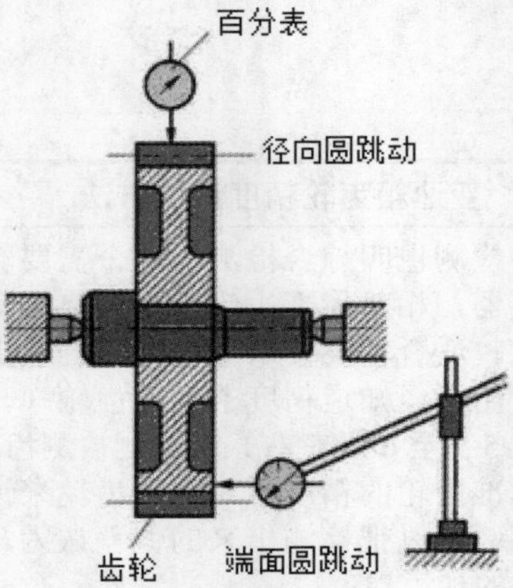 图7.28　检测轴的回转精度	在轴端面中心孔中粘一个$\phi6$的钢珠、百分表触及钢珠，转动轴，检测轴的径向跳动
	检查轴的轴向窜动		在轴端面中心孔中粘一个$\phi6$的钢珠、百分表触及钢珠，旋转轴，记录百分表的最大值和最小值的差值，就是轴的轴向窜动误差

子学习情境 7.2 齿轮减速器的装调

齿轮减速器的装调工作任务单

情　境	THMDZT-1A 型机械装置的装调					
学习任务	子学习情境 7.2：齿轮减速器的装调				完成时间	
任务完成	学习小组		组长		成员	
任务要求	掌握：1. 齿轮减速器装配方法；2. 轴承的装配方法和装配步骤；3. 变速器设备空运转试验					
任务载体和资讯	THMDZT-1A 型机械装置中，齿轮减速器主要由直齿圆柱齿轮、角接触轴承、深沟球轴承、支架、轴、端盖、键等组成，如图 7.29 所示 图 7.29　齿轮减速器				要求：能够读懂齿轮减速器的部件装配图。通过装配图能够清楚零件之间的装配关系，机构的运动原理及功能。理解图纸中的技术要求，基本零件的结构装配方法，轴承、齿轮精度的调整等 资讯： 1. 齿轮减速器的装配工艺过程； 2. 轴承的装配； 3. 齿轮的装配		
资料查询情况						
完成任务注意点	1. 装配顺序； 2. 传动部件主次分明； 3. 运动部件的润滑； 4. 啮合部件间隙的调整					

学习目标	学习内容	任务准备
1. 掌握齿轮减速器的装配方法，能够根据机械设备的技术要求，按工艺过程进行装配，并达到技术要求 2. 能够进行齿轮减速器设备空运转试验，对常见故障能够进行判断和分析 3. 掌握轴的装配方法和装配步骤	1. 齿轮减速器的基本知识 2. 齿轮减速器的装配工艺 3. 轴承的装配方法	前期准备：齿轮减速器的结构、工作原理、齿轮减速器的装配要求

7.2.1 齿轮减速器

工作原理	组成及材料	特点	分类方式	类型
由于原动机转速较高，为了满足工作机转速需要，往往在工作机和原动机之间设置专门的降速变换装置，这种降速变化装置为减速器。减速器是一种封闭在刚性壳体内的独立传动装置，其功用是降低原动机转速，增大转矩，实现定传动比传动	减速器主要由传动件、轴、轴承和箱体四部分组成。其中传动件有的采用齿轮，有的采用蜗杆，有的两者都用。大多数减速器的箱体采用中等强度的铸铁铸造而成，重型减速器则采用高强度铸铁和铸钢，单件少量生产时也可用钢板焊接而成	结构紧凑、效率较高、传递运动准确可靠、使用维护方便	按传动类型	圆柱齿轮减速器 圆锥齿轮减速器 蜗杆减速器 行星齿轮减速器 摆线针轮减速器 谐波齿轮减速器
			按传动比级数	单级减速器 多级减速器
			按轴在空间的相对位置	卧式减速器 立式减速器

7.2.2 齿轮减速器的装配要求

齿轮减速器装配的一般要求	1. 减速器装配必须按生产合同的型号、规格、安装尺寸等要求组装，并符合图样和有关技术文件的规定
	2. 装配的零部件，必须是经检验部门检验后的合格件，在装配前对准备装配的零件还应进行全面检查（着重检查主要配合尺寸），确认无误时再进行装配
	3. 在装配前，所有零部件外表面的毛刺、切屑、油污等脏物必须清除干净，将未加工表面的箱体、齿轮、蜗杆、蜗轮、压盖等的表面残余物清除干净
	4. 各零件的配合及齿轮、蜗轮、蜗杆啮合处不允许有碰伤、损伤情况，如有轻微擦伤，在不影响使用性能的情况下，经技术部门同意后，允许用油石或刮刀修理
	5. 在装配时，齿轮及配合轴、键等必须擦洗干净，可用压机或温差法装配，在不破坏轴径及中心孔的情况下，可用锤装配
	6. 装配时，应检查齿轮啮合的接触斑点、间隙（按产品标准要求）及运转、轴承间隙等
	7. 装配过程中试运行，需将箱盖合上，运行时绝对禁止敲击减速机零件
	8. 装配调试结束后，应将所有零件重新清洗一遍，并涂润滑油脂，在箱体、箱盖及压盖结合面处，涂以密封胶，结合后，用螺栓拧紧，上好油封
	9. 装配好后，加油试车运行，待正、反运行 20 分钟后，如无异常声音，交检验员检验，油漆后入库

7.2.3 滚动轴承的装配要求

滚动轴承的装配要求	1. 装配前必须除掉轴与轴承配合面上的毛刺、锈蚀、斑点等缺陷
	2. 采用刮刀或锉刀修理轴承的配合表面时，必须达到原加工精度的要求，保证其形状偏差在允许的范围之内
	3. 轴承在装配前，必须清洗干净。装配后须注入适量的润滑油
	4. 轴承在装配时，方可打开包装纸。所有装在轴上的轴承，在不能即刻装配好时，应用干净的油纸遮盖好，以防铁屑、砂子等物侵入轴承中。轴及轴承清洗后，应在其装配面上涂一层清洁的油，然后进行装配

5. 带过盈量的轴承装配时，最好用温差法或无冲击负荷的机械装置进行安装，如需用锤打击时，严禁直接打击轴承圈，应垫以铜棒或软铁管，打击力必须均匀分布在被装配的带过盈的座圈上，不许通过球或滚柱传递打击力	
6. 轴承必须紧贴在轴肩上，不准留有间隙	
7. 轴承端面、垫圈及压盖之间的接合面必须平行，当拧紧螺钉后，压盖应均匀地贴在垫圈上，不允许有部分间隙。如图样上规定有间隙时，四周间隙必须均匀	
8. 装配后用手转动轴或轴承时，轴承应能均匀、轻快、灵活地回转	

7.2.4　齿轮减速器装配流程图

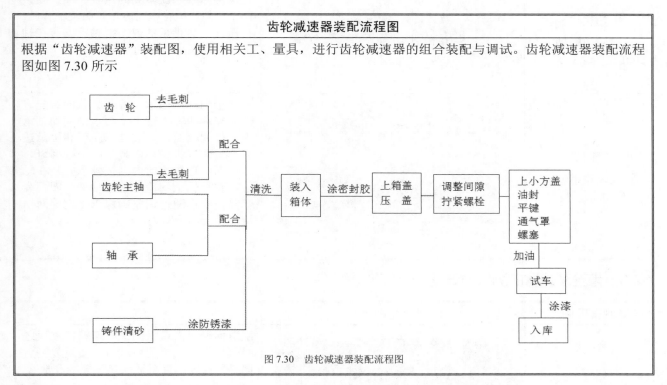

齿轮减速器装配流程图

根据"齿轮减速器"装配图，使用相关工、量具，进行齿轮减速器的组合装配与调试。齿轮减速器装配流程图如图 7.30 所示

图 7.30　齿轮减速器装配流程图

7.2.5　装配齿轮减速器的操作步骤

步骤	示意图	说明
第一步 安装左右挡板 （见图 7.31）	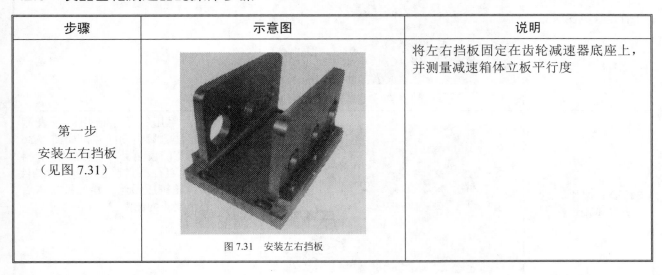 图 7.31　安装左右挡板	将左右挡板固定在齿轮减速器底座上，并测量减速箱体立板平行度

第二步 安装输入轴 （见图7.32）	 图7.32　安装输入轴	将两个角接触轴承（按背靠背的装配方法）安装在输入轴上，轴承中间加轴承内、外圈套筒。安装好齿轮和轴套后，轴承座套固定在箱体上，挤压深沟球轴承的内圈把轴承安装在轴上、装上轴承闷盖套上轴承内圈预紧套筒，最后通过调整圆螺母来调整两角接触轴承的预紧力
第三步 安装中间轴 （见图7.33）	 图7.33　安装中间轴	把深沟球轴承压紧到固定轴一端，安装两个齿轮、齿轮中间齿轮套筒及轴套后，挤压深沟球轴承的内圈把轴承安装在轴上，最后装上两端的闷盖
第四步 安装输出轴 （见图7.34）	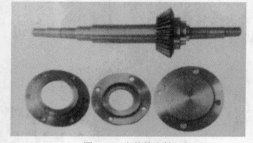 图7.34　安装输出轴	将两个角接触轴承（按背靠背的装配方法）安装在输入轴上，轴承中间加轴承内、外圈套筒。安装轴承座套和轴承透盖。安装好齿轮后，装紧两个圆螺母，挤压深沟球轴承的内圈把轴承安装在轴上，装上轴承闷盖，套上轴承内圈预紧套筒。最后通过调整圆螺母来调整两角接触轴承的预紧力

7.2.6　齿轮减速器的测量与调整

测量项目	示意图	说明
测量减速箱体立板平行度（见图7.35）	 图7.35　测量减速箱体立板平行度	用游标卡尺内量爪测量减速箱体立板之间的平行度。装配完成后，要重复测量调整平行度，直至平行度符合技术要求
检验和调整齿侧间隙	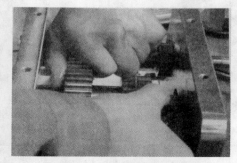 图7.36　压铅丝法测量齿侧间隙	齿侧间隙常用压铅丝法或用百分表测量。压铅丝法测量齿侧间隙，如图7.36所示。在齿宽的齿面上，平行放置2~4条铅丝，铅丝直径不宜超过最小直径的4倍，转动齿轮挤压铅丝，铅丝被挤压后最薄处的厚度即为侧隙值

子学习情境 7.3　间歇回转工作台的装调

情境导入

间歇回转工作台的装调工作任务单

情　　境	THMDZT-1A 型机械装置的装调				
学习任务	子学习情境 7.3：间歇回转工作台的装调			完成时间	
任务完成	学习小组		组长		成员
任务要求	掌握：1. 能够清楚零部件之间的装配关系，机构的运动原理及功能，理解图纸中的技术要求，以及熟练运用基本零件结构的装配方法； 2. 能够规范合理的写出间歇回转工作台的装配工艺过程； 3. 能够进行零部件的清洗； 4. 熟悉间歇回转工作台装配定位方法				
任务载体和资讯	THMDZT-1A 型机械装置中的回转工作台主要由四槽槽轮机构、蜗轮蜗杆、推力球轴承、角接触轴承、台面、支架等组成，由变速箱经链传动、齿轮传动、蜗轮蜗杆传动及四槽槽轮机构分度后，实现间歇回转功能，如图 7.37 所示 <div align="center"></div> <div align="center">图 7.37　间歇回转工作台</div>			要求：根据"间歇回转工作台"装配图进行间歇回转工作台的组合装配与调试，使间歇回转工作台运转灵活无卡阻现象 资讯： 1. 轴承的装配方法与装配步骤； 2. 槽轮机构的工作原理及用途； 3. 蜗轮蜗杆、四槽槽轮、轴承的装配		
资料查询情况					
完成任务注意点	1. 圆锥滚子内圈的方向；2. 轴承的安装方向				

任务描述

学习目标	学习内容	任务准备
1. 掌握四槽槽轮机构、蜗轮蜗杆、推力球轴承、角接触轴承的基本知识 2. 掌握轴承装配方法与装配步骤 3. 掌握蜗轮蜗杆的安装、测量与调整 4. 掌握槽轮机构的装配与调整	1. 间歇工作台的安装步骤 2. 蜗轮蜗杆的安装与调整	前期准备：蜗轮蜗杆传动的装调，轴承安装与调整，槽轮机构的安装与调整

7.3.1　定位机构的型式

按定位方法分类	名称	特点
利用机构构件的轮廓表面定位	槽轮、星轮、不完全齿轮等的低副定位弧，蜗形凸轮无升角轮廓曲线部分的双高副棱边等	结构简单、无附加载荷，一般情况下定位精度能够满足要求，但定位表面磨损大，而且补偿较难
利用附加定位器定位——弹性定位	弹性定位依靠滚珠或滚柱在弹性力的作用下，压紧在运动件上相应的定位孔或定位槽中实现定位，如图 7.38 所示 图 7.38　弹性定位装置	这种定位器的定位元件能够依靠运动件位移时产生的力量脱开定位孔或定位槽，而不需设置脱出机构，所以结构简单，但在有冲击或振动载荷作用时，或者在运动件的转动惯量和摩擦力矩较大的情况下，难以实现准确定位
利用附加定位器定位——插销定位	插销定位是使用较普遍的刚性定位装置。可分为单插销定位和双插销定位，如图 7.39 所示 图 7.39　插销定位装置	插销定位具有较高的定位精度和可靠性，并能在冲击振动情况下稳定的工作。双插销定位一般称为反靠定位，具有磨损少、定位附加冲击小、定位精度保持性强等特点

7.3.2　间歇回转工作台的分度机构

名称	特点	应用
棘轮机构如图 7.40 所示 棘爪3　摇杆5 棘轮4 曲柄1 丝杠6　连杆2 图 7.40　棘轮机构	优点：结构简单、制造方便、运动可靠，并且棘轮的转角可以根据需要进行调节等 缺点：传力小，工作时有冲击和噪声。因此，棘轮机构只适用于转速不高，转矩不大及小功率的场合	棘轮机构在生产中可满足进给、制动、超越和转位、分度等要求

槽轮机构如图 7.41 所示  图 7.41　槽轮机构	槽轮机构结构简单、工作可靠、机械效率高，但制造与装配精度要求高，且转角大小不能调节。分度精度由定位机构的精度保证。	槽轮机构应用实例如图 7.42 所示  图 7.42　槽轮机构应用实例
凸轮分度机构如图 7.43 所示  图 7.43　凸轮分度机构	凸轮间歇运动机构利用凸轮与转位拨销的相互作用，将凸轮的连续转动转换为转盘的间歇转动，用于交错轴间的分度运动	凸轮分度机构应用实例如图 7.44 所示  图 7.44　凸轮分度机构应用实例
附加定位器分度机构	钢球定位：结构简单，操作方便，但锥坑浅，定位不可靠，用于切削力小，分度精度要求不高的场合，或做精密分度的预定位。钢球定位如图 7.45 所示	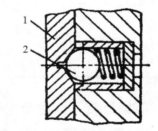 图 7.45　钢球定位
	圆柱销定位：结构简单，制造容易，分度副间隙影响分度精度，一般为 $\pm 1' \sim \pm 10'$。圆柱销定位如图 7.46 所示	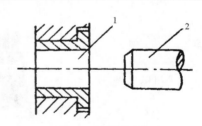 图 7.46　圆柱销定位
	圆锥销、双斜面销定位：能消除分度副间隙对分度精度的影响，分度精度较高，但制造较复杂，灰尘影响分度精度，如图 7.47 所示	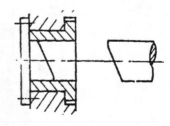 （a）圆锥销定位 图 7.47　圆锥销、双斜面销定位

		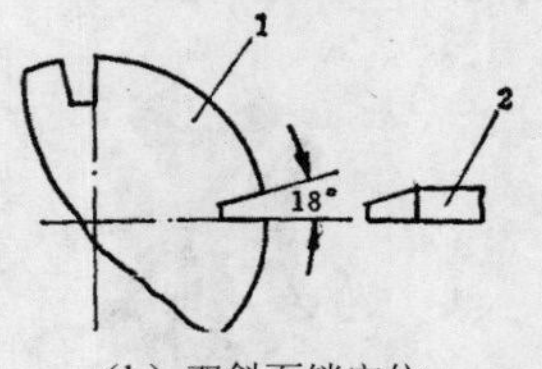 （b）双斜面销定位 图 7.47 圆锥销、双斜面销定位（续图）
	正多面体定位：结构简单，制造容易，分度精度较高，操作费时，分度数不宜过多，如图 7.48 所示	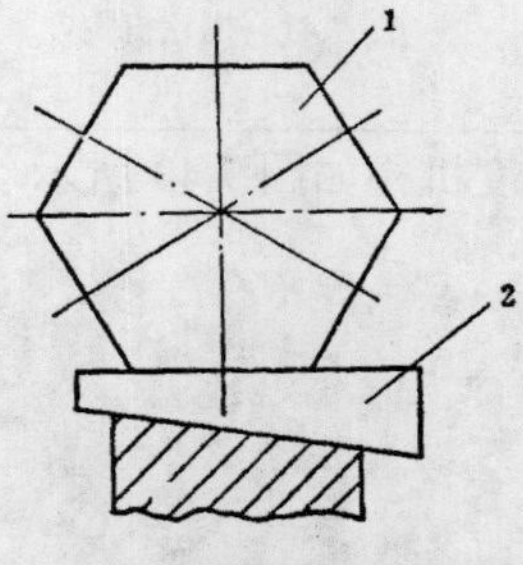 图 7.48 正多面体定位
精密分度	误差均化，分度精度大大提高；精度重复性和持久性好；必须有抬起机构、锁紧机构；防尘要求严；利用双层齿盘结构，可实现细分。精密分度原理图如图 7.49 所示	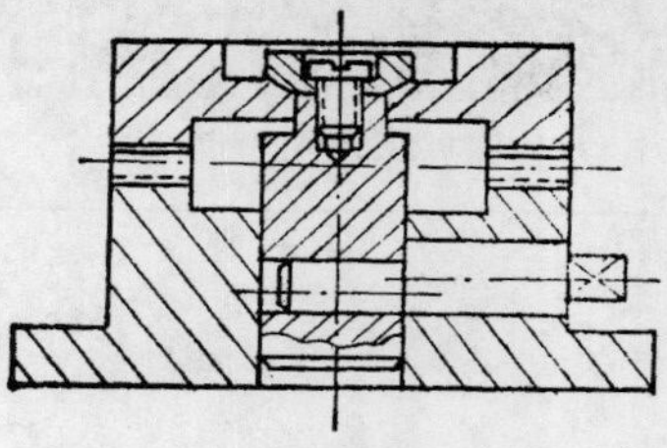 图 7.49 精密分度原理图

7.3.3 间歇回转工作台装配设备及常用工具

名称	示意图	说明
机械装置	 图 7.50 机械装置	机械装置如图 7.50 所示
游标卡尺	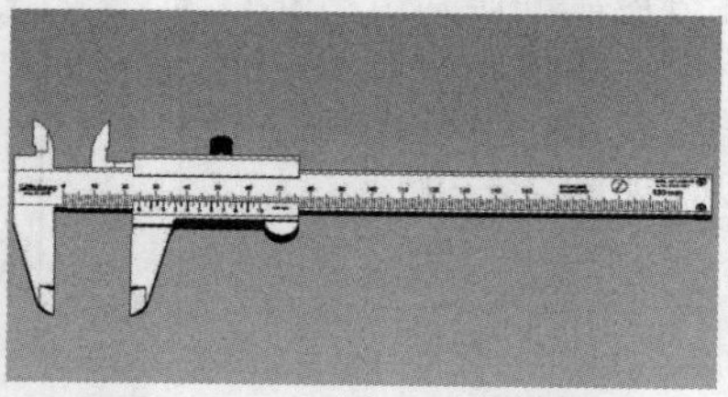 图 7.51 游标卡尺	游标卡尺是带有测量卡爪并用游标读数的通用量尺，是一种测量长度、内外径、深度的量具。游标卡尺由主尺和附在主尺上能滑动的游标两部分组成，如图 7.51 所示

深度游标卡尺	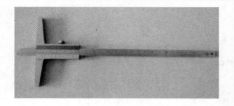 图 7.52　深度游标卡尺	深度游标卡尺用于测量凹槽或孔的深度、梯形工件的梯层高度、长度等尺寸，通常被简称为"深度尺"，如图 7.52 所示
垫片	 图 7.53　垫片	垫片是薄板（通常圆形），中间有一个漏洞（通常在中间），用于分配的负载线性紧固件，如图 7.53 所示。其他用途是作为间隔、弹簧、耐磨垫
其余工具见表 7.1.1 节		

7.3.4　间歇回转工作台装配操作步骤

步骤	示意图	说明
第一步 装配两路 输出模块	图 7.54　装配两路输出模块	把两个角接触轴承（按面对面的装配方式）安装在装有小锥齿轮、轴套和轴承座的轴上，轴承中间加轴承内、外圈套筒。装上轴用弹簧挡圈、两轴承透盖、链轮和齿轮，最后固定在小锥齿轮底板上，两路输出模块如图 7.54 所示
第二步 装配增速机构	图 7.55　装配增速机构	把装有两个深沟球轴承（轴承中间加轴承内、外圈套筒）的增速轴安装在轴承座上，装上轴承透盖和轴两端齿轮，如图 7.55 所示
第三步 安装蜗轮蜗杆	图 7.56　安装蜗轮蜗杆	把两个角接触轴承（按面对面的装配方式）安装在装有轴承透盖的蜗杆上，将其安装在两轴承座上，装上两轴承透盖、轴承挡圈及蜗轮蜗杆，用螺母把装有圆锥滚子轴承内圈的蜗轮轴安装在已安装圆锥滚子轴承外圈的蜗轮轴的轴承座上，装紧轴承透盖。完成后将蜗杆两轴承座和蜗轮轴承座装在间歇回转工作台用底板上，需调整蜗杆和蜗轮的中心，如图 7.56 所示

第四步 调整蜗轮蜗杆 中心重合	 图 7.57　调整蜗轮蜗杆中心重合（1） 图 7.58　调整蜗轮蜗杆中心重合（2）	测量并计算蜗杆轴中心的高度和蜗轮中心的高度。中心不重合需垫入适当厚度的铜垫片，保证蜗轮蜗杆中心重合，如图 7.57 和图 7.58 所示
第五步 安装槽轮机构 及工作台	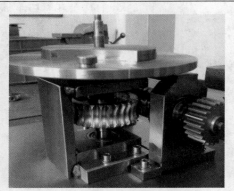 图 7.59　安装槽轮机构及工作台	将锁止弧装配在蜗轮轴上，把立架装在间歇回转工作台的底板上。将装好轴承的槽轮轴安装在底板上，同时把蜗轮轴上的轴承也安装在底板上，装紧轴承透盖。装好推力球轴承限位块，分别把槽轮和法兰盘安装在槽轮轴的两端，把整个底板固定在立架上，注意槽轮与锁止弧的位置，最后装上推力球轴承和料盘，如图 7.59 所示

7.3.5　蜗轮蜗杆齿侧间隙调整

测量项目	示意图	说明
蜗轮蜗杆齿侧间隙	图 7.60　蜗轮蜗杆齿侧间隙	蜗轮蜗杆齿侧间隙可以通过百分表测量，如图 7.60 所示，也可以通过接触斑点，判断啮合中心面及啮合位置情况

子学习情境 7.4　自动冲床机构的装调

 情境导入

自动冲床机构的装调工作任务单

情　　境	THMDZT-1A 型机械装置的装调					
学习任务	子学习情境 7.4：自动冲床机构的装调				完成时间	
任务完成	学习小组		组长		成员	
任务要求	掌握： 1. 系统运行与调整方法； 2. 系统运行与调整过程中常见故障的判断、分析及处理					
任务载体和资讯	HMDZT-1A 型机械装置中的自动冲床机构主要由曲轴、连杆、滑块、支架、轴承等组成，与间歇回转工作台配合，实现压料功能模拟，如图 7.61 所示 图 7.61　自动冲床机构				要求：根据总装图达到自动冲床机构的技术要求。使用相关工、量具，进行自动冲床的组合装配和调试，使自动冲床机构运转灵活、无卡阻现象 资讯： 1. 曲柄连杆机构的安装； 2. 法兰盘、料盘轴承的安装	
资料查询情况						
完成任务注意点	1. 选择合理的工具及工艺，完成曲柄连杆机构的安装 2. 保证法兰盘、料盘轴承符合精度要求					

任务描述

学习目标	学习内容	任务准备
1. 掌握系统运行与调整方法 2. 系统运行与调整过程中常见故障的判断、分析及处理能力	系统运行与调整方法	前期准备：带传动、齿轮传动装调；蜗杆的结构、功能、安装与调整；法兰盘、料盘轴承的结构、功用及安装

知识链接

7.4.1　自动冲床机构零部件的调整

项目	示意图	说明
装配与调整曲轴（见图 7.62）	轴一　闷盖　滑套固定板加强筋　滑套固定板垫块　冲头导向套　轴二　透盖　曲轴上端盖　曲轴下端盖　压头连接体　滑块固定板　模拟冲头 图 7.62　自动冲床机构	1．安装轴二：将透盖用螺钉拧紧，将轴二装好，再装好轴承的右传动轴挡套 2．安装曲轴：轴瓦安装在曲轴下端盖的 U 型槽中，然后装好中轴，盖上轴瓦另一半，将曲轴上端盖装在轴瓦上，将螺钉预紧，用手转动中轴，中轴应转动灵活 3．将已安装好的曲轴固定在轴二上，用六角螺钉预紧 4．安装轴一：将轴一装入轴承中（由内向外安装），将已安装好的曲轴的另一端固定在轴一上，此时可将曲轴两端的螺钉拧紧，然后将左传动轴压盖固定在轴一上，然后再将左传动轴的闷盖装上，并将螺钉预紧 5．在轴上装键，固定同步轮，然后转动同步轮，曲轴转动灵活、无卡阻现象
手动运行与调整自动冲床部件（见图 7.63）	图 7.63　手动运行与调整自动冲床部件	装配结束后，手动运行与调整自动冲床部件，将手轮上的手柄拆下，安装在同步轮上，摇动手柄，观察"模拟冲头"运行状态，多运转几分钟，仔细观察各个部件是否运行正常，正常后加入少许润滑油

7.4.2　自动冲床机构装配操作步骤

步骤	示意图	说明
第一步 装配与调整轴承	图 7.64　装配与调整轴承	用轴承套筒将轴承装入轴承室内（在轴承室中涂抹少许润滑油），转动轴承内圈，轴承应转动灵活、无卡阻现象；观察轴承外圈是否安装到位，如图 7.64 所示

第二步 装配与调整曲轴 和冲压部件	 图 7.65　装配与调整曲轴和冲压部件	装配曲轴，保证曲轴转动灵活、无卡阻现象。将"压头连接体"安装在曲轴上，如图 7.65 所示
第三步 装配与调整冲压 机构导向部件	 图 7.66　装配与调整冲压机构导向部件	1．将滑套固定垫块固定在滑块固定板上，再将滑套固定板加强筋固定，安装好冲头导向套，螺钉为预紧状态，如图 7.66 所示 2．将冲压机构导向部件安装在自动冲床上，转动同步轮，冲压机构转动灵活、无卡阻现象，最后经螺钉紧固，再转动同步轮调整到最佳状态，在滑动部分加少许润滑油

子学习情境 7.5　THMDZT-1A 机械系统总装调试运行

 情境导入

THMDZT-1A 机械系统总装调试运行工作任务单

情　境	THMDZT-1A 型机械装置的装调				
学习任务	子学习情境 7.5：THMDZT-1A 机械系统总装调试运行			完成时间	
任务完成	学习小组		组长	成员	
任务要求	掌握：1．电机与变速箱之间、减速机与自动冲床之间同步带传动的调整； 2．变速箱与二维工作台之间直齿圆柱齿轮传动的调整； 3．减速器与分度转盘机构之间锥齿轮的调整； 4．链条的安装				
任务载体 和资讯	THMDZT-1A 型机械系统如图 7.67 所示 1．交流减速电机为机械系统提供动力源； 2．变速箱具有双轴三级变速输出，其中一轴输出带正反转功能，顶部用有机玻璃防护。主要由箱体、齿轮、花键轴、间隔套、键、角接触轴承、深沟球轴承、卡簧、端盖、手动换挡机构等组成； 3．齿轮减速器主要由直齿圆柱齿轮、角接触轴承、深沟球轴承、支架、轴、端盖、键等组成； 4．二维工作台主要由滚珠丝杆、直线导轨、台面、垫块、轴承、支座、端盖等组成。分上下两层，上层手动控制，下层由变速箱经齿轮传动控制，实现工作台往返运行，工作台面装有行程开关，实现限位保护功能；			要求：根据总装图达到 THMDZT-1A 型机械系统的技术要求 资讯： 1．变速箱的装调； 2．齿轮减速器的装调； 3．二维工作台的装调； 4．自动冲床机构的装调； 5．间歇回转工作台的装调		

	5. 间歇回转工作台主要由四槽槽轮机构、蜗轮蜗杆、推力球轴承、角接触轴承、台面、支架等组成。由变速箱经链传动、齿轮传动、蜗轮蜗杆传动及四槽槽轮机构分度后，实现间歇回转功能； 6. 自动冲床机构主要由曲轴、连杆、滑块、支架、轴承等组成，与间歇回转工作台配合，实现压料功能模拟  1—交流减速电机；2—变速箱；3—齿轮减速器；4—二维工作台； 5—间歇回转工作台；6—自动冲床机构 图 7.67 THMDZT-1A 型机械装调对象
资料查询 情况	
完成任务 注意点	1. 注意插头的小缺口方向要与插座凸出部分对应； 2. 将"调速器"的小黑开关打在 RUN 的状态，顺时针旋转调速旋钮，电机转速逐渐增加，调到一定转速时，观察机械系统运行情况； 3. 禁止没有改变二维工作台运动方向就按下面板上"复位"按钮

 **任务描述**

学习目标	学习内容	任务准备
1. 掌握系统运行与调整方法 2. 掌握带传动、齿轮传动、链传动的调整方法 3. 系统运行与调整过程中常见故障的判断、分析及处理能力	1. 系统运行与调整方法 2. 带传动、齿轮传动、链传动的调整方法	前期准备： 1. 变速箱的装调 2. 齿轮减速器的装调 3. 二维工作台的装调 4. 自动冲床机构的装调 5. 间歇回转工作台装调

 **知识链接**

7.5.1 调整与运行 THMDZT-1A 型实训装置设备及常用工具

名称	示意图	说明
杠杆百分表 （包括小磁性表座） （见图 7.68）	图 7.68 杠杆百分表	杠杆百分表，刻度值为 0.01mm，借助杠杆、齿轮传动机构，将测杆的摆动转变为指针的回转运动的指标式测微表

磁性表座 （见图 7.69）	 图 7.69　磁性表座	磁性表座也称万向表座，在机器制造业用途较多，广泛用于各类机床，也是必不可少的检测工具之一。它内部是一个圆柱体，其中放置一条条形的永久磁铁或恒磁磁铁，外面底座位置是一块软磁材料
塞尺 （见图 7.70）	 图 7.70　塞尺	塞尺由一组具有不同厚度级差的薄钢片组成的量规。塞尺用于测量间隙尺寸。在检验被测尺寸是否合格时，可以用此法判断，也可由检验者根据塞尺与被测表面配合的松紧程度来判断
90°角尺 （见图 7.71）	 图 7.71　90°角尺	直角尺简称为角尺，适用于机床、机械设备及零件部件的垂直度检验、安装、加工定位、划线等，是机械行业中的重要测量工具，它的特点是精度高，稳定性好，便于维修
其余工具见 7.1.1 节		

7.5.2　操作步骤

步骤	示意图	说明
第一步 安装二维工作台 （见图 7.72）	 图 7.72　安装二维工作台	根据总装配图的要求，把已装配调整好的二维工作台安装在铸件底板上，并将变速箱、交流减速电动机、二维工作台、齿轮减速器、间歇回转工作台、自动冲床分别放在铸件平台上的相应位置，将相应底板螺钉装入（螺钉不要拧紧）

第二步 调整变速箱 （见图 7.73 至 图 7.76）	 图 7.73　调整变速箱（1）	装调变速箱，变速箱的装配按箱体装配的方法进行装配，按从下到上的装配原则进行装配
	 图 7.74　调整变速箱（2）	以二维工作台为基准，通过杠杆百分表测量轴的上母线和侧母线，测量和调整变速箱与二维工作台相连轴的平行度误差
	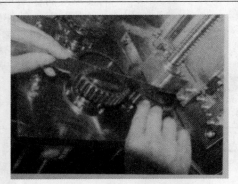 图 7.75　调整变速箱（3）	调整二维工作台与变速箱之间两直齿圆柱齿轮啮合面宽度差，选择调整垫片进行调整，调整变速箱输出齿轮和二维工作台输入齿轮的齿轮错位不大于齿轮厚度的 5% 及两齿轮的啮合间隙，用轴端挡圈分别固定在相应轴上
	 图 7.76　调整变速箱（4）	调整二维工作台与变速箱之间两直齿圆柱齿轮齿侧间隙，通过杠杆百分表，检测两齿轮的齿侧间隙

第三步 调整小锥齿轮轴 部件（见图 7.77）	 图 7.77　调整小锥齿轮轴部件	用杠杆百分表检测小锥齿轮轴与二维工作台下层丝杠的平行度，调整至小锥齿轮轴与二维工作台下层丝杠平行 小锥齿轮轴和变速箱之间为链条传动。用钢板尺靠在两链轮的平面上，另一端用塞尺测量钢板尺和链轮之间的间隙，选择不同厚度垫片，按正确方法将主、从动链轮安装到位 小锥齿轮轴与二维工作台下层丝杠的平行度和两链轮的共面应同时进行调整
第四步 调整减速器 （见图 7.78 和 图 7.79）	 图 7.78　调整减速器（1）	根据总装配图的要求，齿轮减速器输入轴与二维工作台中层丝杠的平行度，用杠杆百分表检测齿轮减速器输入轴的侧母线与二维工作台中层丝杠的平行度。通过调整保证两锥齿轮垂直啮合
	 图 7.79　调整减速器（2）	通过用杠杆百分表测量，调整两齿轮的齿侧间隙；齿轮减速器输入轴与二维工作台中层丝杠的平行度和两齿轮的齿侧间隙应同时进行调整
第五步 调整间歇回转 工作台 （见图 7.80 和 图 7.81）	 图 7.80　调整间歇回转工作台（1）	调整齿轮啮合面宽度方向上的错位量

	图 7.81　调整间歇回转工作台（2）	调整齿轮齿侧间隙
第六步 调整自动冲床机构 （见图 7.82）	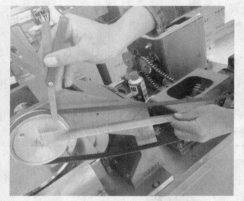图 7.82　调整自动冲床机构	以减速器的同步带轮为基准，用钢板尺来检测两同步带轮的平面度 以带轮的张紧力来固定冲床的位置 实训台运行中，当滑块运行到最低处时，分度转盘应处在静止状态
第七步 调整同步带、链的张紧度（见图 7.83 至图 7.85）	图 7.83　调整同步带、链的张紧度（1）	电动机与变速箱同步带共面的调整
	图 7.84　调整同步带、链的张紧度（2）	根据链条的张紧度调整链条的节数

 图 7.85　调整同步带、链的张紧度（3）	根据同步带的张紧度调整电动机的位置
第八步 调整整机 （见图 7.86）	 图 7.86　调整整机	在不装电动机同步带的情况下，把手柄安装在变速箱的输入轴端的齿轮上，使整个装置运行，感受力的大小，无卡死现象，避免直接通电烧坏电动机

7.5.3　电气控制部分的运行与调试

运行	调试	注意事项
电源控制箱面板如图 7.87 所示。先检查面板上"2A"熔断器是否安装好，熔断器座内的熔断丝是否和面板上标注的规格相同，不同则更换熔断丝，用万用表测量熔断丝是否完好，检查完毕后装好熔断丝，旋紧熔断丝帽  图 7.87　电源控制箱面板	用带三芯蓝插头的电源线接通控制屏的电源，将带三芯开尔文插头的限位开关连接线接在"限位开关接口"上，旋紧连接螺母，保证连接可靠，并且将带五芯开尔文插头的电动机电源线接入"电动机接口"上，旋紧连接螺母，保证连接可靠。打开"电源总开关"，此时"电源指示"红灯亮，并且"调速器"的 power 指示灯也同时点亮，此时通电完毕	1. 接通装置的单相三线工作电源，将交流电动机和限位开关分别与实训装置引出的电动机接口和限位开关接口相连接； 2. 打开电源总开关，将调速器上的调速旋钮逆时针旋转到底，然后把调速器上的开关切换到 RUN，顺时针旋转调速旋钮，电动机开始运行； 3. 关闭电动机电源时，首先将调速器上的调速旋钮逆时针旋转到底，电动机停止运行，然后把调速器上的开关切换到 STOP，最后关闭电源总开关； 4. 二维工作台运行时碰到限位开关停止后，必须先通过变速箱改变二维工作台运动方向，然后按下面板上的"复位"按钮，当二维工作台离开限位开关后，松开"复位"按钮； 5. 在没有改变二维工作台运动方向的情况下，禁止按下面板上的"复位"按钮
电源控制接口如图 7.88 所示，主要分为限位开关接口、电源接口、电动机接口  图 7.88　电源控制接口	将"调速器"的小黑开关旋在 RUN 的状态，顺时针旋转调速旋钮，电动机转速逐渐增加，调到一定转速时，观察机械系统运行情况	

学习情境 8　电气装置调整与控制

- 能够认识常用低压电气元件；
- 理解步进电动机的参数的意义，理解变频器的参数的意义；
- 能够规范合理地应用低压电气元件控制电动机启动和停止；
- 能够连接简单的步进驱动装置，掌握驱动器参数设置调整；
- 能够根据电气原理图连接变频器并能够设定变频器功能参数。

子学习情境 8.1　电气元件结构认知

情境导入

电气元件结构认知工作任务单

情　境	电气装置调整与控制				
学习任务	子学习情境 8.1：电气元件结构认知			完成时间	
任务完成	学习小组		组长		成员
任务要求	掌握：1. 常用低压电气元件；2. 能够规范合理地应用低压电气元件控制电动机起动和停止				
任务载体和资讯	电动机起动停止电气原理图如图 8.1 所示，它是控制电动机起动和停止的电气原理图，是一种最常用、最简单的控制线路，能实现对电动机的起动、停止的自动控制、远距离控制、频繁操作等 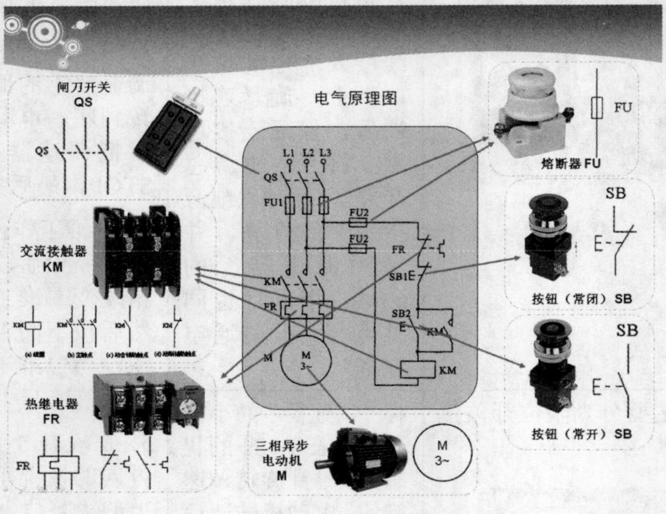 闸刀开关 QS　电气原理图　熔断器 FU 交流接触器 KM 热继电器 FR 三相异步电动机 M 按钮（常闭）SB 按钮（常开）SB 图 8.1　电气原理图				要求： 1. 对照电动机起动停止原理图，分别指出该原理图用到哪些电气元件； 2. 应用低压电气元件控制电动机起动和停止 资讯： 1. 常用低压电气元件； 2. 常用低压电气元件的应用
资料查询情况					
完成任务注意点	连接电路时应注意接线是否正确，连接是否牢固				

图 8.1　电气原理图

学习目标	学习内容	任务准备
1．掌握低压电器的基本结构 2．了解常见电器元件的基本结构和作用	1．低压电器 2．低压配电电器 3．低压主令电器 4．低压控制电器 5．低压保护电器	前期准备：常见电器元件的结构和作用；电动机起动停止电路连接基本要求

8.1.1　低压电器

定义	分类	基本结构
1．电器：凡是能对电路进行切换、控制、保护、检测、变换和调节的元件 2．高压电器：指额定电压为3000V及以上的电器 3．低压电器：指工作在交流电压1200V、直流1500V及以下电器	1．低压配电电器：用于供电，如刀开关、断路器等； 2．低压控制电器：用于控制，如接触器、继电器、控制器等； 3．低压主令电器：用于发送控制指令，如按钮、主令开关、行程开关和万能转换开关等； 4．低压保护电器：用于安全保护，如熔断器、热继电器、电压继电器、电流继电器等； 5．低压执行电器：用于执行和传递功能的电路，如电磁铁、电磁离合器等	1．电磁机构 常用的电磁继电器如图8.2所示 组成：吸引线圈、铁芯和衔铁 衔铁的运动方式：直动式和拍合式 吸引线圈作用：将电能转换为磁能，衔铁在电磁吸力作用下使铁芯吸合 A—电磁铁；B—衔铁；C—弹簧；D—动触点；E—静触点 图8.2　常用电磁继电器 2．触头系统 触头用来接通和分断被控制电路 （1）触头接触形式：点接触、线接触和面接触 （2）触头材料：镀银、嵌银 （3）灭弧： ①机械灭弧法：利用弹性力、迅速拉长电弧； ②缝灭弧法：分割电弧，并有冷却作用，如：纵缝陶土灭弧罩； ③栅片灭弧法：金属栅片分割电弧； ④磁吹灭弧法：电磁吸力的作用下迅速拉长电弧用于熄灭直流电弧

8.1.2　低压配电电器

	用途	结构	分类	实物图	图形符号
闸刀开关	隔离电源用，不频繁地手动接通、断开电路和隔离电源	触刀、触头插座、绝缘电板、操纵手柄（见图8.3）	单极、双极、三极	 图8.3　闸刀开关	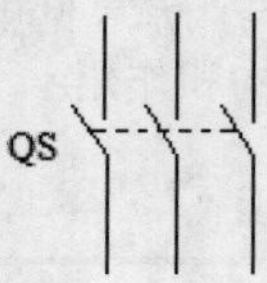 QS
组合开关	隔离电源用，也可控制不频繁起停的异步电动机	动、静触片、方形转轴、手柄、定位机构、外壳（见图8.4）	单极、双极、三极、四极	 图8.4　组合开关	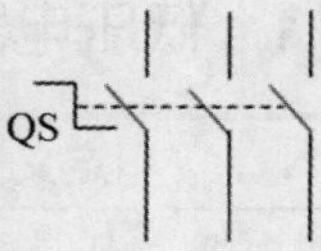 QS
低压断路器	电源隔离、欠压、失压、过载、短路保护	过电流脱扣器：短路或严重过载 热脱扣器：一般过载（双金属片） 失压脱扣器：失压保护 分励脱扣器：远距离分断电路（见图8.5）	单极、双极、三极、四极	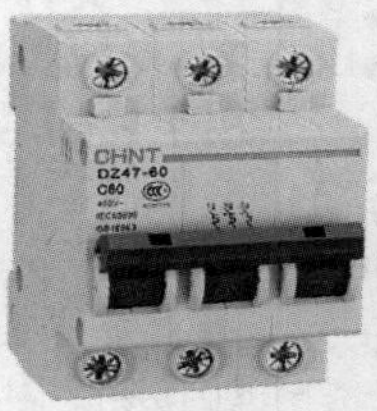 图8.5　低压断路器	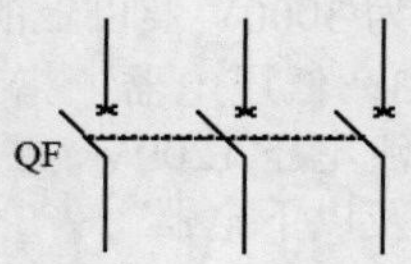 QF

8.1.3　低压主令电器

	用途	结构	分类	实物图	图形符号
按钮	手动能自动复位的开关。通常用来通断小电流控制电路	按钮帽、复位弹簧、触点、外壳（见图8.6）	指示灯式、旋钮式、紧急式	 图8.6　按钮	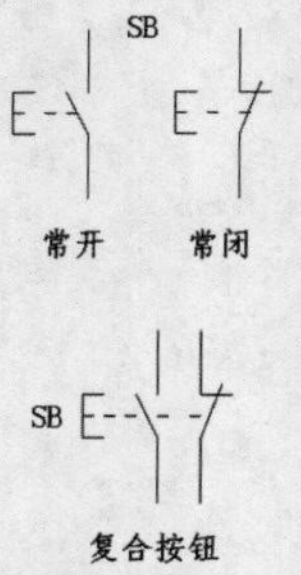 SB 常开　常闭 SB 复合按钮
转换开关	多挡多回路，同时控制多个回路	操作装置、定位装置、触头（见图8.7）	单极、双极和三极	 图8.7　转换开关	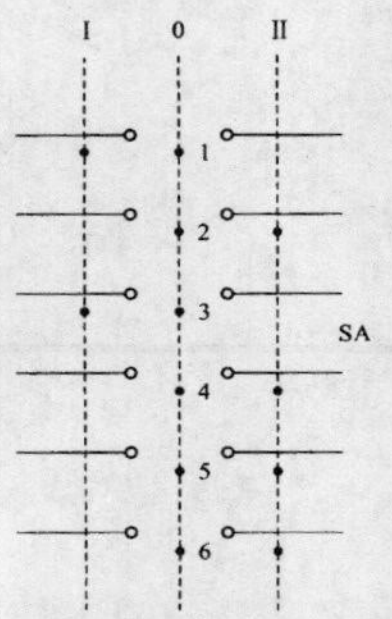 SA

行程开关	根据运动部件的位置而切换电路控制运动部件的位置、方向、行程大小	触点系统、操作机构和外壳（见图8.8）	直动式、滚轮式、微动式	 图 8.8　行程开关	文字符号：SQ 图形符号： 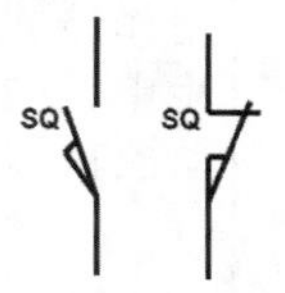 常开触点 常闭触点
接近开关	利用位移传感器对接近物体的敏感特性达到控制开关通或断的目的	接近开关按其外形形状可分为圆柱型、方型、沟型、穿孔（贯通）型和分离型（见图8.9）	高频振荡型、电容型、感应电桥型、永久磁铁型、霍尔效应型、光电式	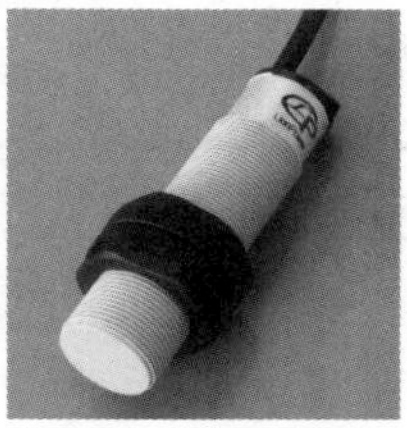 图 8.9　接近开关	文字符号：SQ 图形符号： 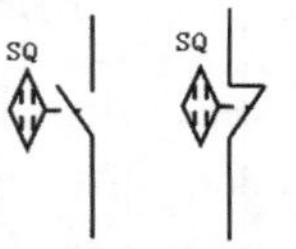 动合触点 动断触点

8.1.4　低压控制电器

	用途	结构	分类	实物图	图形符号
接触器	频繁的通断带有负载的主电路或大容量控制电路，并可远距离控制	电磁系统、触头系统、灭弧装置等（见图8.10）	交流、直流	 图 8.10　接触器	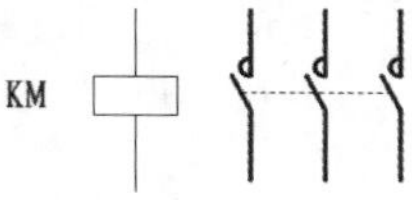 KM
中间继电器	信号的中间传递与转换	固定铁芯、动铁芯、弹簧、动触点、静触点、线圈、接线端子和外壳组成（见图8.11）	电磁型中间继电器；延时中间继电器；静态中间继电器	 图 8.11　中间继电器	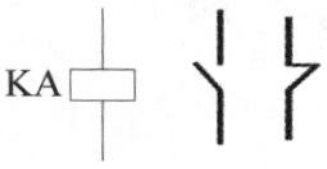 KA
时间继电器	可实现延时通断电路	电磁系统、触头系统、延时机构（见图8.12）	通电延时型、断电延时型	 图 8.12　时间继电器	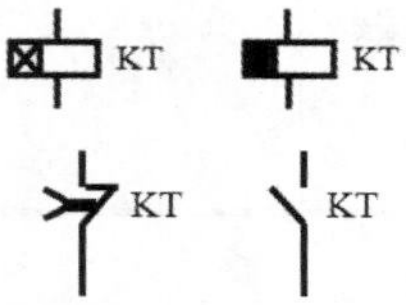 KT

	用途	结构	分类	实物图	图形符号
速度继电器	用作笼式三相异步电机的反接制动控制	定子、转子（与电机相连）、触点（见图8.13）	机械式、电子式	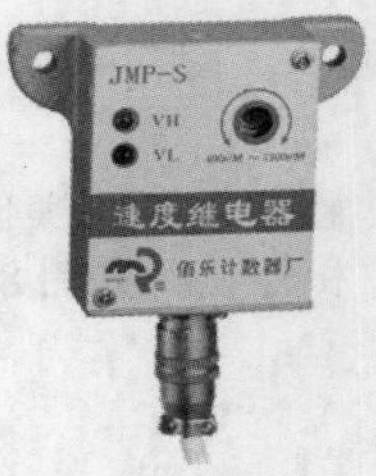 图8.13 速度继电器	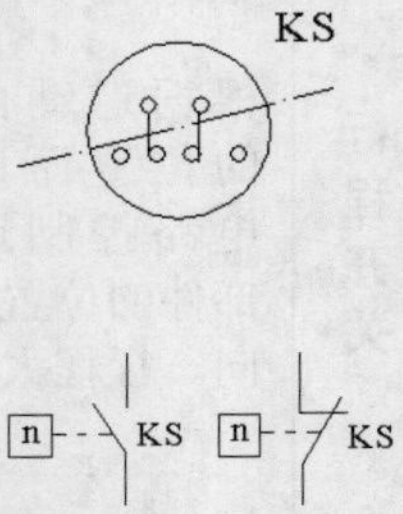 KS n- KS n- KS

8.1.5 低压保护电器

	用途	结构	分类	实物图	图形符号
熔断器	发生短路或严重过载时，能迅速自动熔断而切断电路的保护电器	熔体(合金：低熔点，导电好)、熔管或熔座（见图8.14）	螺旋式、瓷插式、密封管式	 图8.14 熔断器	 FU
热继电器	电流产生热效应，长期过载时自动断开电路	发热元件、双金属片、触点及一套传动和调整机构（见图8.15）	双金属片式、热敏电阻式、易熔合金式	 图8.15 热继电器	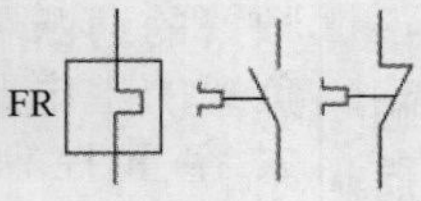 FR
电流继电器	根据电路电流实现控制，线圈串联于被测电路中	铁芯、线圈、衔铁、触点簧片（见图8.16）	欠电流继电器、过电流继电器	 图8.16 电流继电器	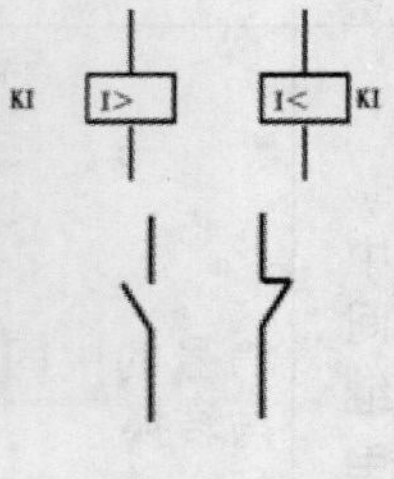 KI I> I< KI
电压继电器	根据电路电压实现控制，线圈并联于被测电路	铁芯、线圈、衔铁、触点簧片（见图8.17）	欠电压继电器、过电压继电器	 图8.17 电压继电器	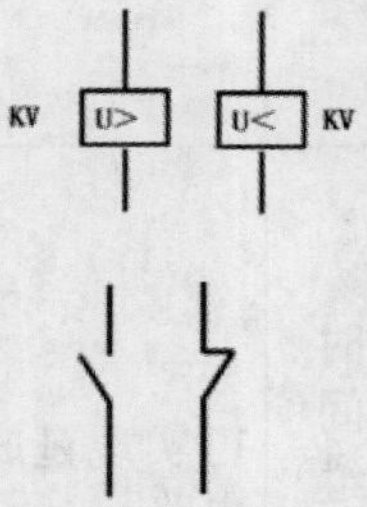 KV U> U< KV

子学习情境 8.2　步进电动机参数调整

**情境导入**

步进电动机参数调整工作任务单

情　　境	电气装置调整与控制				
学习任务	子学习情境 8.2：步进电动机参数调整			完成时间	
任务完成	学习小组		组长	成员	
任务要求	掌握：1. 步进驱动器的连接；2. 功能选择				
任务载体和资讯	某企业生产装置采用 DM542 型两相混合式步进电动机及驱动器，车间要求对步进装置进行参数设定				要求：正确连接驱动器，并能够根据生产要求正确调整参数 资讯： 1. 步进电动机工作原理； 2. 步进驱动器连接； 3. 步进驱动器参数调整
		项目	调整情况	备注	
	1	步进驱动器的连接			
	2	功能选择			
	3	功率接口的连接			
资料查询情况					
完成任务注意点	步进驱动器连接时应注意主电路和控制电路接线是否正确，连接是否牢固				

任务描述

学习目标	学习内容	任务准备
1. 掌握步进电动机工作原理 2. 掌握步进驱动器的连接 3. 掌握步进电动机参数调整	1. 步进电动机的种类 2. 步进电动机的工作原理 3. 步进驱动器的连接 4. 功能选择 5. 功率接口的连接	前期准备：步进驱动器的连接；步进电动机参数调整

**知识链接**

8.2.1　步进电动机

定义	步进电机是将电脉冲信号转变为机械角位移的电磁机械装置（见图 8.18） 步进电动机是一种特殊的电动机，一般电动机通电后连续旋转，而步进电动机则跟随输入脉冲节拍一步一步地转动。每施加一个电脉冲信号，步进电动机就旋转一个固定的角度，称为一步，每一步转过的角度叫做步距角
分类	目前常用的有三种步进电动机： （1）反应式步进电动机（VR）：反应式步进电动机结构简单，生产成本低，步距角小；但动态性能差； （2）永磁式步进电动机（PM）：永磁式步进电动机出力大，动态性能好；但步距角大； （3）混合式步进电动机（HB）：混合式步进电动机综合了反应式、永磁式步进电动机两者的优点，它的步距角小，出力大，动态性能好，是目前性能最高的步进电动机。它有时也称作永磁感应子式步进电动机

实物图	 图 8.18　步进电动机
原理图 （见图 8.19）	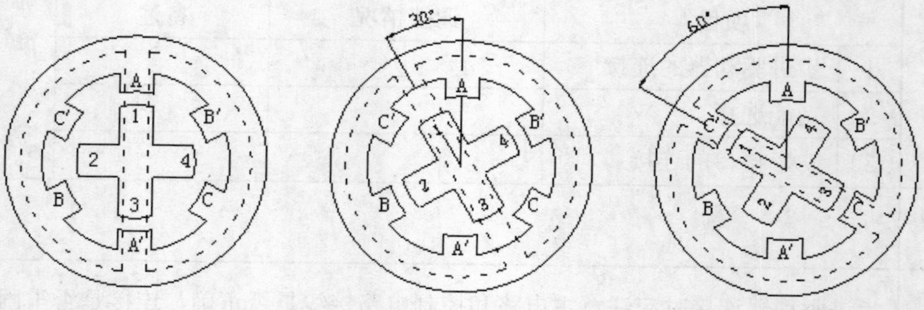 （a）A 相通电　　（b）B 相通电　　（c）C 相通电 图 8.19　三相反应式步进电动机的原理图
结构	图 8.19 是一台三相反应式步进电动机的原理图。定子铁心为凸极式，共有三对（六个）磁极，每两个空间相对的磁极上绕有一相控制绕组。转子用软磁性材料制成，也是凸极结构，只有四个齿，齿宽等于定子的极宽
工作原理	当 A 相控制绕组通电，其余两相均不通电，电机内建立以定子 A 相极为轴线的磁场。由于磁通具有走磁阻最小路径的特点，使转子齿 1、3 的轴线与定子 A 相极轴线对齐，如图 8-19（a）所示。若 A 相控制绕组断电、B 相控制绕组通电时，转子在反应转矩的作用下，逆时针转过 30°，使转子齿 2、4 的轴线与定子 B 相极轴线对齐，即转子走了一步，如图 8-19（b）所示。若在断开 B 相，使 C 相控制绕组通电，转子逆时针方向又转过 30°，使转子齿 1、3 的轴线与定子 C 相极轴线对齐，如图 8-19（c）所示。如此按 A—B—C—A 的顺序轮流通电，转子就会一步一步地按逆时针方向转动。其转速取决于各相控制绕组通电与断电的频率，旋转方向取决于控制绕组轮流通电的顺序。若按 A—C—B—A 的顺序通电，则电动机按顺时针方向转动 上述通电方式称为三相单三拍。"三相"是指三相步进电动机；"单三拍"是指每次只有一相控制绕组通电；控制绕组每改变一次通电状态称为一拍，"三拍"是指改变三次通电状态为一个循环。把每一拍转子转过的角度称为步距角 如果把控制绕组的通电方式改为 A→AB→B→BC→C→CA→A，即一相通电接着二相通电间隔地轮流进行，完成一个循环需要经过六次改变通电状态，称为三相单、双六拍通电方式。当 A、B 两相绕组同时通电时，转子齿的位置应同时考虑到两对定子极的作用，只有 A 相极和 B 相极对转子齿所产生的磁拉力相平衡的中间位置，才是转子的平衡位置。这样，单、双六拍通电方式下转子平衡位置增加了一倍，步距角为 15° 进一步减少步距角的措施是采用定子磁极带有小齿，转子齿数很多的结构，分析表明，这样结构的步进电动机，其步距角可以做得很小。一般地说，实际的步进电机产品，都采用这种方法实现步距角的细分

8.2.2 步进驱动器的连接

定义	步进电机驱动器是一种将电脉冲转化为角位移的执行机构。当步进驱动器接收到一个脉冲信号，它就驱动步进电机按设定的方向转动一个固定的角度（称为"步距角"），它的旋转是以固定的角度一步一步运行的。可以通过控制脉冲个数来控制角位移量，从而达到准确定位的目的；同时可以通过控制脉冲频率来控制电机转动的速度和加速度，从而达到调速和定位的目的
实物图（见图8.20）	 图 8.20　步进驱动器
原理图（见图8.21）	 图 8.21　步进驱动器原理图
控制信号的定义	PLS/CW+：步进脉冲信号输入正端或正向步进脉冲信号输入正端 PLS/CW-：步进脉冲信号输入负端或正向步进脉冲信号输入负端 DIR/CCW+：步进方向信号输入正端或反向步进脉冲信号输入正端 DIR/CCW-：步进方向信号输入负端或反向步进脉冲信号输入负端 ENA+：脱机使能复位信号输入正端 ENA-：脱机使能复位信号输入负端 脱机使能信号有效时复位驱动器故障，禁止任何有效的脉冲，驱动器的输出功率元件被关闭，电机无保持扭矩
控制信号连接	上位机的控制信号可以高电平有效，也可以低电平有效。当高有效时，把所有控制信号的负端连在一起作为信号地，低有效时，把所有控制信号的正端连在一起作为信号公共端 注意：VCC 值为 5V 时，R 短接； VCC 值为 12V 时，R 为 1kΩ，大于 1/8W 电阻； VCC 值为 24V 时，R 为 2kΩ，大于 1/8W 电阻； R 必须接在控制器信号端

8.2.3 功能选择

设置电机每转步数	驱动器可将电机每转的步数分别设置为 400、800、1600、6400、8000、10000、12800 步。可以通过驱动器正面板上的拨码开关的 SW5、SW6、SW7、SW8 位来设置驱动器的步数（见表 8.1）

表 8.1　应用拨码开关设置步进驱动器步数					
SW5	OFF	ON	OFF	OFF	ON	ON
SW6	ON	OFF	OFF	ON	OFF	ON
SW7	ON	ON	ON	OFF	OFF	ON
SW8	ON	ON	ON	ON	ON	OFF
步数	400	800	1600	6400	12800	1000

控制方式选择	拨码开关 SW4 位可设置成两种控制方式： 当设置成 "OFF" 时，为有半流功能 当设置成 "ON" 时，为无半流功能
设置输出相电流	为了驱动不同扭矩的步进电机，可以通过驱动器面板上的拨码开关 SW1、SW2、SW3 位来设置驱动器的输出相电流（有效值）单位安培，各开关位置对应的输出电流不同，不同型号驱动器所对应的输出电流值不同（见表 8.2）

表 8.2　应用拨码开关设置步进驱动器输出电流

			输出电流（A）	
SW1	SW2	SW3	PEAK	RMS
ON	ON	ON	1.00	0.71
OFF	ON	ON	1.46	1.04
ON	OFF	ON	1.91	1.36
OFF	OFF	ON	2.37	1.69
ON	ON	OFF	2.84	2.03
OFF	ON	OFF	3.31	2.36
ON	OFF	OFF	3.76	2.69
OFF	OFF	OFF	4.20	3.00

8.2.4　功率接口的连接

+V、GND接口	连接驱动器电源 +V：直流电源正级，电源电压直流 16～50V，最大电流是 5A GND：直流电源负级
A+ A- B+ B- 接口	连接两相混合式步进电机 驱动器和两相混合式步进电机的连接采用四线制，电机绕组有并联和串联接法： 并联接法，高速性能好，但驱动器电流大（为电机绕组电流的 1.73 倍） 串联接法时驱动器电流等于电机绕组电流

子学习情境 8.3　变频器参数调整

情境导入

变频器参数调整工作任务单

情　境	电气装置调整与控制				
学习任务	子学习情境 8.3：变频器参数调整			完成时间	
任务完成	学习小组		组长	成员	
任务要求	掌握：1. 变频器的连接；2. 变频器的参数调整				

任务载体和资讯	某企业生产装置采用三菱 FR-D700 变频器，车间要求对变频器进行参数设定			要求：正确连接变频器，并能够根据生产要求正确调整参数 资讯： 1. 变频器连接； 2. 变频器参数调整
	项目	调整情况	备注	
	1　变频器的连接			
	2　参数调整			
资料查询情况				
完成任务注意点	变频器连接时应注意电路接线是否正确，连接是否牢固			

任务描述

学习目标	学习内容	任务准备
1. 掌握变频器的连接 2. 掌握变频器参数调整	1. 变频的种类 2. 变频器基本功能参数 3. 变频器的连接 4. 变频器参数调整	前期准备：变频器的连接；变频器参数调整

知识链接

8.3.1　变频器

定义	变频器是一种将固定频率的交流电变换成频率、电压连续可调的交流电，以供给电动机运转的电源装置
分类	（1）交－交变频器 它是将频率固定的交流电源直接变换成频率连续可调的交流电源，主要优点是没有中间环节、变换效率高，但其连续可调的频率范围较窄，故主要用于容量较大的低速拖动系统中，又称直接式变频器 （2）交－直－交变频器 先将频率固定的交流电整流后变成直流，再经过逆变电路把直流电逆变成频率连续可调的三相交流电，又称为间接式变频器。由于把直流电逆变成交流电较易控制，因此在频率的调节范围，以及变频后电动机特性的改善等方面，都具有明显的优势，目前使用最多的变频器均属于交－直－交变频器
实物图 （见图8.22）	![变频器] 图 8.22　变频器

基本功能参数（见表8.3）	表8.3 变频器基本功能参数					
	参数	名称	表示	设定范围	单位	出厂设定值
	0	转矩提升	P0	0～30%	0.1%	6% 4% 3%
	1	上限频率	P1	0～120Hz	0.01Hz	120Hz
	2	下限频率	P2	0～120Hz	0.01Hz	0 Hz
	3	基准频率	P3	0～400Hz	0.01Hz	50 Hz
	4	3速设定（高速）	P4	0～400Hz	0.01Hz	50 Hz
	5	3速设定（中速）	P5	0～400Hz	0.01Hz	30 Hz
	6	3速设定（低速）	P6	0～400Hz	0.01Hz	10 Hz
	7	加速时间	P7	0～3600s	0.1s	5s
	8	减速时间	P8	0～3600s	0.1s	5s
	9	电子过电流保护	P9	0～500A	0.01A	额定输出电流
	30	扩展功能显示选择	P160	0～9999	1	9999
	79	操作模式选择	P79	0～7	1	0

操作面板（见图8.23）

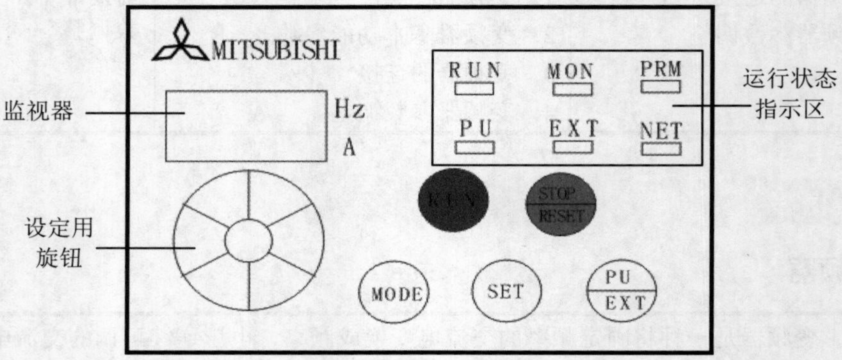

图8.23 变频器操作面板

操作面板各按键功能（见表8.4）	表8.4 变频器操作面板各按键功能		
	按钮/旋钮	功能	备注
	PU/EXT 键	切换 PU/外部操作模式	PU：PU 操作模式 EXT：外部操作模式 使用外部操作模式（用另外连接的频率设定旋钮和启动信号运行）时，请按下此键，使 EXT 显示为点亮状态
	RUN 键	运行指令正转	反转用（Pr.40）设定
	STOP/RESET 键	进行运行的停止，报警的复位	
	SET 键	确定各设定	
	MODE 键	模式切换	切换各设定
	设定用旋钮	变更频率设定、参数的设定值	

操作面板单位表示及运行状态表示（见表8.5）	表8.5 变频器操作面板单位表示及运行状态表示		
	指示灯显示	说明	备注
	RUN 显示	运行时点亮/闪烁	亮灯：正在运行中 慢闪烁（1.4 秒循环）：反转运行中 快闪烁（0.2 秒循环）：非运行中
	MON 显示	监视器显示	监视模式时亮灯

PRM 显示	参数设定模式显示	参数设置模式时亮灯
PU 显示	PU 操作模式时亮灯	计算机连接运行模式时，为慢闪烁
EXT 显示	外部操作模式时亮灯	计算机连接运行模式时，为慢闪烁
NET 显示	网络运行模式时亮灯	
监视用 LED 显示	显示频率、参数序号等	

8.3.2　变频器的连接

主回路端子接线图（见图8.24）	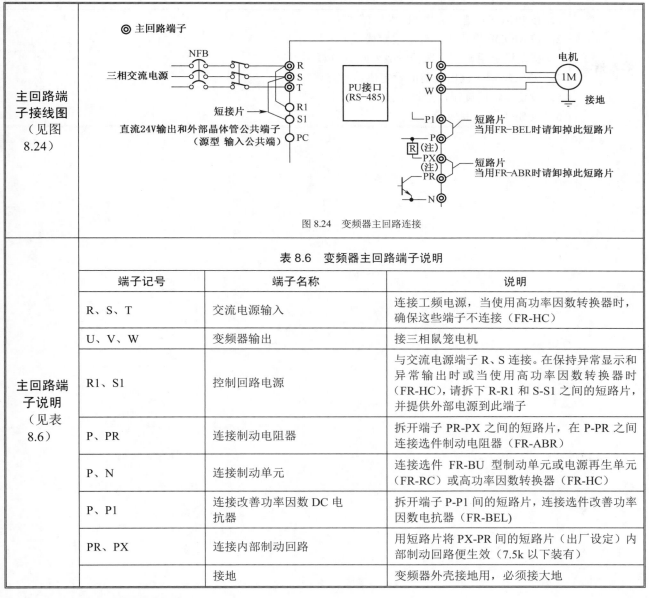
	图 8.24　变频器主回路连接

表 8.6　变频器主回路端子说明

	端子记号	端子名称	说明
主回路端子说明（见表8.6）	R、S、T	交流电源输入	连接工频电源，当使用高功率因数转换器时，确保这些端子不连接（FR-HC）
	U、V、W	变频器输出	接三相鼠笼电机
	R1、S1	控制回路电源	与交流电源端子 R、S 连接。在保持异常显示和异常输出时或当使用高功率因数转换器时（FR-HC），请拆下 R-R1 和 S-S1 之间的短路片，并提供外部电源到此端子
	P、PR	连接制动电阻器	拆开端子 PR-PX 之间的短路片，在 P-PR 之间连接选件制动电阻器（FR-ABR）
	P、N	连接制动单元	连接选件 FR-BU 型制动单元或电源再生单元（FR-RC）或高功率因数转换器（FR-HC）
	P、P1	连接改善功率因数 DC 电抗器	拆开端子 P-P1 间的短路片，连接选件改善功率因数电抗器（FR-BEL）
	PR、PX	连接内部制动回路	用短路片将 PX-PR 间的短路片（出厂设定）内部制动回路便生效（7.5k 以下装有）
		接地	变频器外壳接地用，必须接大地

8.3.3　变频器的参数调整

设置加速时间	1．按 PU/EXT 键，选择 PU 操作模式 2．按 MODE 键，进入参数设定模式 3．拨动设定用旋钮，选择参数号码 P7 4．按 SET 键，读出当前的设定值 5．拨动设定用旋钮，把设定值变为 10 6．按 SET 键，完成设定

设置频率	1. 按 PU/EXT 键，选择 PU 操作模式 2. 旋转设定用旋钮，把频率改为设定值 3. 按 SET 键，设定值频率 4. 闪烁 3 秒后显示回到 0.0，按 RUN 键运行 5. 按 STOP/RESET 键，停止
查看输出电流	1. 按 MODE 键，显示输出频率 2. 按住 SET 键，显示输出电流 3. 放开 SET 键，回到输出频率显示模式
参数清零	1. 按 PU/EXT 键，选择 PU 操作模式 2. 按 MODE 键，进入参数设定模式 3. 拨动设定用旋钮，选择参数号码 ALLC 4. 按 SET 键，读出当前的设定值 5. 拨动设定用旋钮，把设定值变为 1 6. 按 SET 键，完成设定

附录

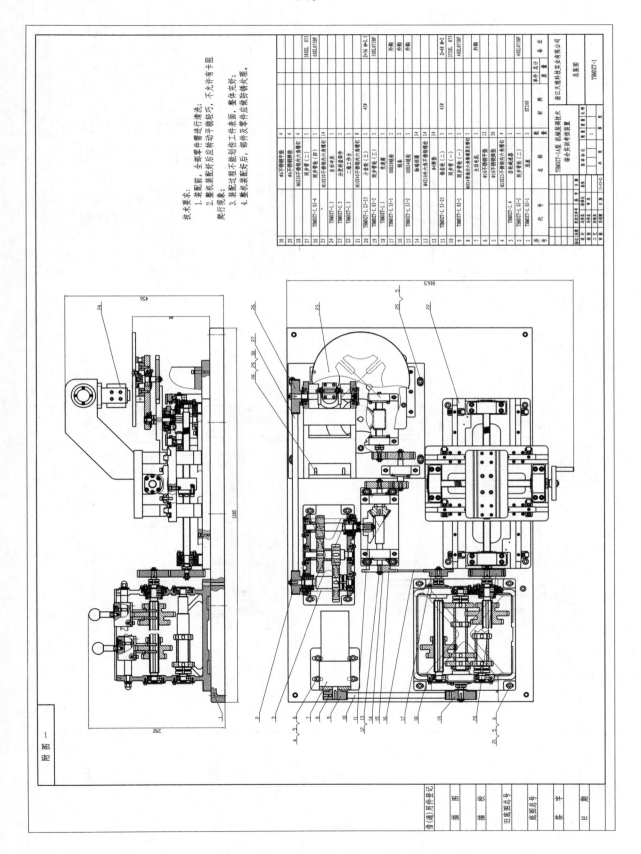

附图一

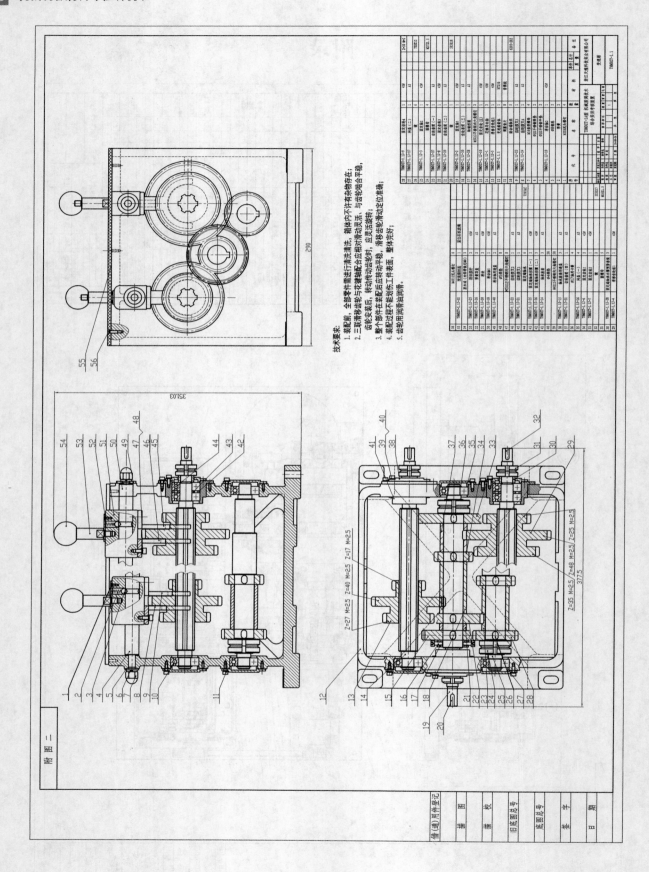

技术要求：

1. 装配前，全部零件需进行清洗清洗，箱体内不许有杂物存在；
2. 三联滑移齿轮与花键轴配合应相对滑动灵活，与齿轮端合合平稳，齿轮安装后，转动传动齿轮时，应灵活灵活转，滑移齿轮滑动定位准确；
3. 整个部件在装配后应转动平稳，滑移齿轮滑动定位准确；
4. 装配过程不能划伤工件表面，整体无划；
5. 齿轮用润滑油润滑。

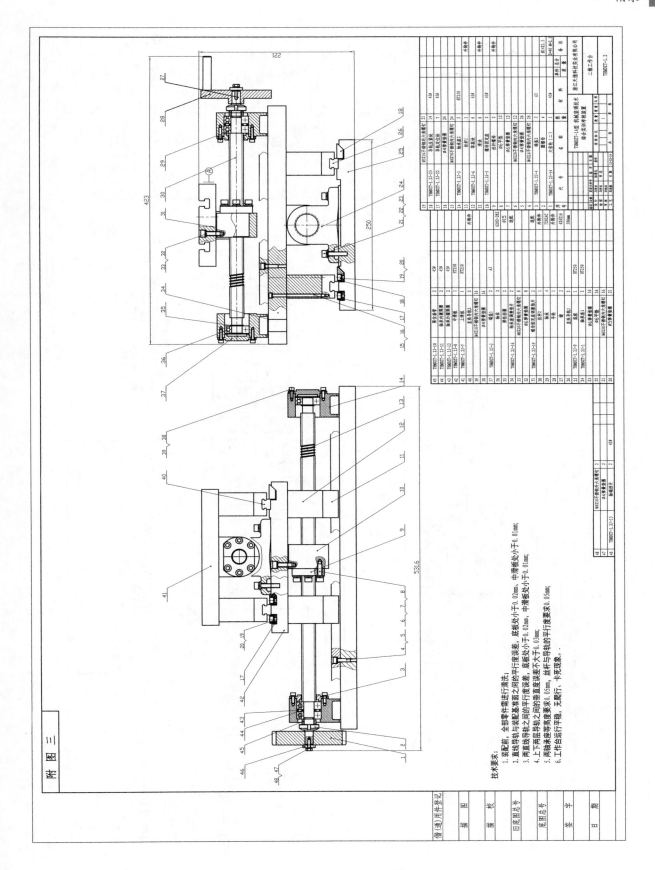

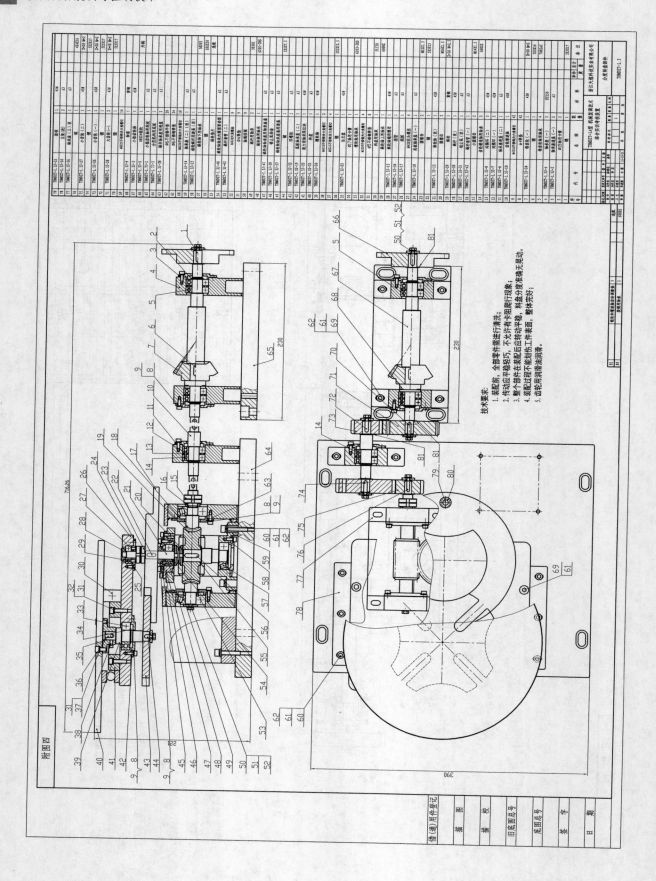

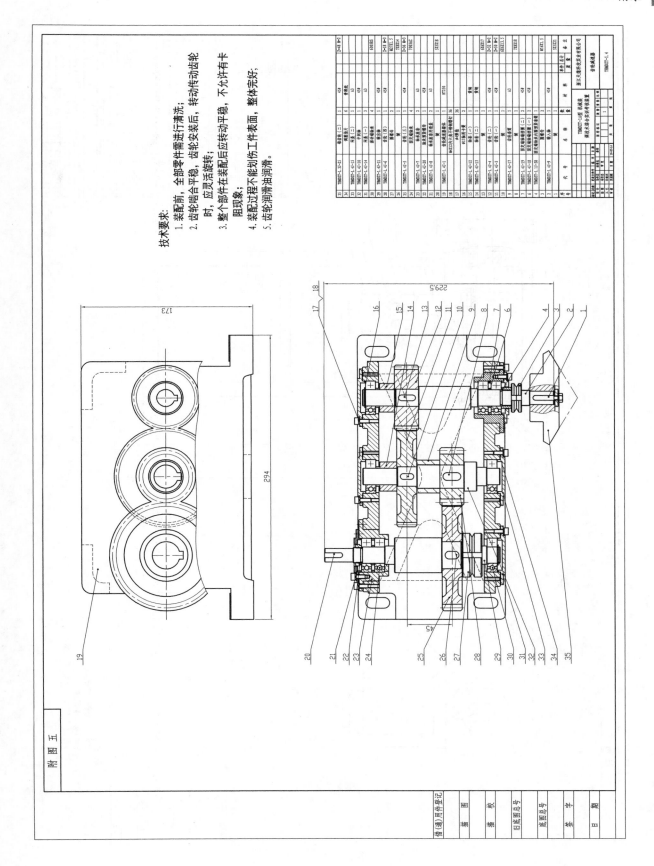

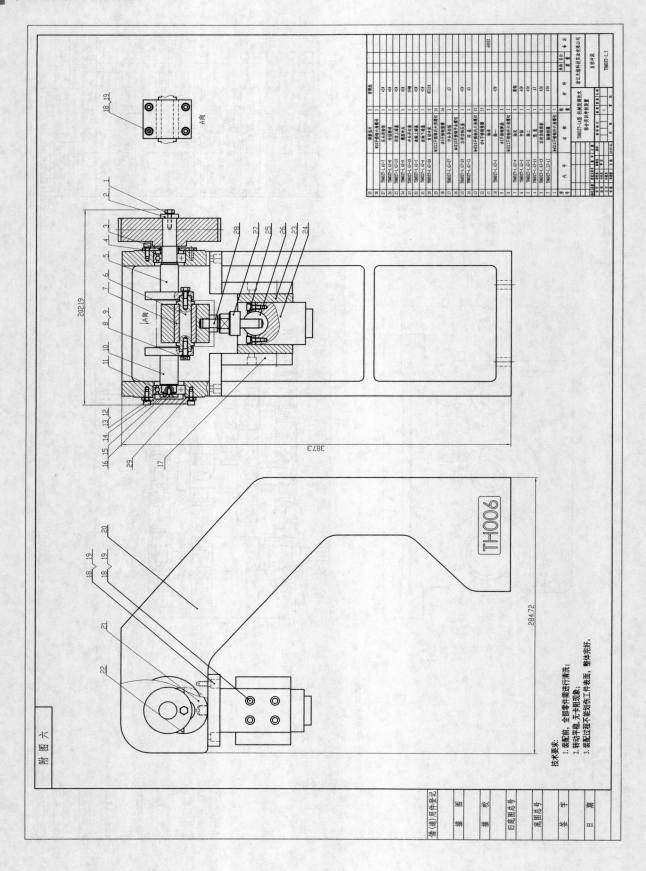

技术要求:
1. 装配前,全部零件需进行清洗;
2. 转动平稳,无卡阻现象;
3. 装配过程不能划伤工件表面,整体完好。

参考文献

[1] 汪荣青. 机械装调技术与实训[M]. 北京：中国铁道出版社，2012.

[2] 马金光. 机电设备装备安装与维修[M]. 北京：北京出版社，2008.

[3] 浙江天煌科技实业有限公司. THMDZT-1A 机械装调技术综合实训装置说明书.

[4] 陈红康. 设备电气与 PLC 技术[M]. 山东：山东大学出版社，2006.

[5] 杜增辉，孙克军. 图解步进电机和伺服电机的应用与维修[M]. 北京：化学工业出版社，2016.

[6] 王建，徐洪亮. 变频器实用技术[M]. 北京：机械工业出版社，2011.

[7] 张忠旭. 机械设备安装工艺：机电设备安装与维修专业[M]. 北京：机械工业出版社，2002.

[8] 乐为. 机电设备装调与维护技术基础[M]. 北京：机械工业出版社，2009.

[9] 周兆元. 钳工实训[M]. 北京：化学工业出版社，2010.

[10] 黄挺. 钳工技能与实训[M]. 上海：上海交通大学出版社，2014.

[11] 仲太生. 钳工技能训练[M]. 南京：江苏科学技术出版社，2006.

[12] 丁武学. 装配钳工实用技术手册[M]. 南京：江苏科学技术出版社，2006.

[13] 韩实彬. 安装钳工工长[M]. 北京：机械工业出版社，2008.

[14] 机械工业部. 零件与传动[M]. 北京：机械工业出版社，2000.

[15] 朱仁盛. 机械基础[M]. 北京：机械工业出版社，2008.

[16] 刘小兰. 机械加工基础[M]. 北京：化学工业出版社，2015.

[17] 张安全. 机电设备安装、维修与实训[M]. 北京：中国轻工业出版社，2008.

[18] 鲍风雨. 机电技术应用专业实训[M]. 北京：高等教育出版社，2002.